U0112603

THE WORRY TRICK

焦虑的时候
就焦虑好了

［加］戴维·A.卡波奈尔 著
David A. Carbonell, Ph.D.

崔楠 译

How Your Brain Tricks You into
Expecting the Worst and What You Can Do About It

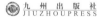

九 州 出 版 社
JIUZHOUPRESS

献给所有有勇气来我办公室讲述焦虑体验的人们。

我从你们身上学到了很多！

希望这本书能记录下你们的一些故事。

序　言

有幸介绍这本书，我感到很开心。第一次看到手稿的时候，我非常激动，想把它推荐给我的多位患者以及我认识的每一位心理治疗师，尽管那时这本书还没有出版。虽然市面上可供选择的自助书籍越来越多，但这本书是绝对不能忽略的。本书的独创性首屈一指。它收录了许多珍贵的内容。卡波奈尔博士很擅长讲故事，而他的故事会让你停下来，重新思考扎根于你心中已久的信念和习惯。谁会预料到一本关于焦虑的书能写得非常有趣呢？但在有趣的同时，每一章中许许多多的案例与描述又展现了焦虑的思考过程以及典型却荒诞的焦虑念头，这些都会让人产生共鸣，会心一笑。他带着善意精准地描绘出焦虑者典型的思维方式，会让你对本书爱不释手。之后，他给出了表面看反直觉，实际上却非常合理的方法，教你如何跳出焦虑怪圈。

本书的受众是谁？是过度焦虑的人，是对自己的焦虑感到焦虑的人，焦虑者的亲朋好友以及为焦虑者提供治疗的人；是从没考虑过阅读自助书籍的人，也是床头已经摆了一摞自助书籍的人；是从未接受过焦虑治疗的人，正在接受治疗的人以及接受过治疗却没有得到满意效果的人。即使是尝试过认知行为疗法、冥想以及认为二者都有效的人也能有全新发现。

在心理治疗史上，出现过许多应对焦虑的方法。这些方法都发源自心理学理论。几十年来，焦虑治疗的本质都是寻找我们为各种事情而焦虑的原因。我们期望的是通过找到焦虑的原因来消灭它。但即便许多人对自己越来越了解，我们的焦虑却丝毫没有减少。焦虑疗法的另一派认为焦虑的本质是消极且不合理的想法，因此，我们认为找出思想中的错误，把它们变得更合理、更积极，有助于缓解焦虑。然而，通常来说，即使我们知道"正确"的想法是什么，焦虑还是会悄悄出现，带来痛苦。之后，我们会更加焦虑，担心自己到底怎么了。在无尽的内心纠结之下，我们无法遵循获得的最佳建议行事。

卡波奈尔博士改变了我们对焦虑的探讨，教我们不再致力于分析焦虑或停止焦虑，而是致力于改变人与焦虑的关系，这样一来便可以最小化怀疑或焦虑带来的痛苦。他通过不斗争的方式结束了我们内心的斗争。当你不把焦虑美化为关心与关注，你就清除了为焦虑提供营养的土壤。他指出，改变态度能释放快乐等原本被消极情绪掩盖的积极情感。他会让你不再把焦虑当成任何信号、信息、通知或紧急行动请求，而把它看作不值得理会也解决不了的问题。他给我们上的第一课是学会区分能让你采取行动的有用的想法和仅仅让你感到心烦意乱的无效的焦虑。之后，他会帮助你逐步缓解焦虑。

　　卡波奈尔博士对人类大脑的观察睿智而客观。所有人都能从这本书中受益。勇敢地拿起这本书是第一步。按照自己的节奏来读这本书吧，你甚至在读到一半时便会开始向其他人推荐它了。

　　　　　　　　萨莉·M. 温斯顿（Sally M. Winston），心理学博士

目　录

引 言

　　乔坐在桌旁，跟妻子和孩子们吃晚饭。孩子们激动地讲述着第一天上学遇到的一切。你如果也在桌旁，或许会发现，乔虽然沉默寡言、比妻子话少，但会在不同的节点积极地跟着点头，似乎在投入地聆听着家人的谈话。

　　然而，你如果能窥探乔的想法，会发现他正在心里考虑完全不同的事。表面上看，乔一边点头一边看着每个人，但他脑中盘旋的根本不是孩子们第一天上学的经历，甚至和家庭晚餐也无关。虽然他此时正和家人坐在餐桌旁吃晚餐，但他并不关心"外面的世界"中正在发生的事情。他关心的是自己"内心的世界"，幻想着在其他时间、其他地点发生的事情。

　　　　老板明天回来，可能要看我写的营销计划初稿。万一她觉得我写得不好，怎么办？万一她觉得这份计划不够完善，怎么办？我现在的收入已经是最高标准了，万一她想把我换掉，找一个薪水更低的年轻人，怎么办？

突然间，乔意识到"外面的世界"安静下来了。家人们停止交谈，齐刷刷看向他。他把注意力转回现实中，看着他们，问："怎么了？"

"爸爸！"女儿笑着喊道，"你不打算把黄油递给我吗？我都叫你两次了！"乔赶紧把黄油递给女儿，并讲了一个笑话掩饰自己的分心，孩子们则在嘲笑他刚刚怎么那么心不在焉。但乔看到妻子脸上的担忧，又感到了新的焦虑。

万一她看出我在为工作烦恼，怎么办？我不想她为我担心……为什么我就不能坐在这里好好吃饭呢？

当家人的注意力已经转移到宠物狗的可爱动作上时，乔又回到了自己的内心世界。

我希望今晚能睡着。在见老板前我一定要休息好。可万一睡不着，怎么办？

有些人只会偶尔如此焦虑，例如在面对生活中的新问题时，但乔并非如此。在其他情况下他也会感到焦虑，比如在开员工大会、和老板谈话、周日晚上在家一边看电视一边和妻子聊天却想到下周的工作时。

乔经常感到焦虑，只是大多数人看不出来而已。事实上，认识他的人都说，他是个很冷静的人。他们会说："没什么事能让乔心烦！"这是个假象。其实在乔心里有很多烦恼。他试图控制焦虑，赶走烦人的想法，但没什么效果。

对大多数人而言，焦虑很常见，也很烦人。那么，焦虑到底是什么？

焦虑就是预示未来会发生坏事的想法和画面。谁都不知道未来会发生什么，但是焦虑假装自己能预测未来，而它预测的结果非常糟。

焦虑就像派对上不请自来的不速之客。它像一个在执行任务的狂热分子，而它的任务是传递一则它认为重要的信息——一条警告。即使这样做既破坏了派对的气氛也没人想听，它还是一遍又一遍地发出警告，因为它觉得这样做可以拯救你于水火之中。

没人喜欢焦虑，也没人会感激它的警告。我们认为这警告过于夸张、不切实际，是一些不太可能发生的假设性事件。然而，我们却很难停止焦虑。因为焦虑，我们不再关注工作和现实生活，而是关注内心世界，担心会有坏事发生。这个过程就好像司机不再注意看路，注意力都被路边的事故吸引了一样。

乔的焦虑让他非常烦恼。焦虑影响他享受生活，侵占了他的休息时间。尽管他各方面都很成功，但焦虑让他觉得自己不配拥有这些。

如果你和乔一样经常感到焦虑，那你就需要思考一下你和焦虑的关系了。既然你正在阅读这本书，这说明你可能已经思考了很多关于焦虑的事。然而，你或许还没有意识到自己与焦虑的这种关系。

你们之间确实存在某种关系。

你和焦虑的关系包括你对焦虑的重视程度、解读焦虑的方式、你焦虑时的情绪和生理反应、你希望如何处理焦虑、你如何实现希望的目标、你的行为对你感受到的焦虑度的影响、焦虑对你的行为的影响以及你对焦虑的观念。本书详细介绍了你与焦虑的关系，并教你如何把焦虑变得对你有利。

在你与焦虑的关系中最重要的一个方面是，焦虑是如何一直欺骗你踏入它的陷阱的。如果你经常感到非常焦虑，因为焦虑遇到了很多麻烦，而且这样的情况已经多到不合理，那可能是因为焦虑设下的陷阱改变了你和它之间的关系，让它变得更持久、更扰人。在本书中，我会帮你识别焦虑陷阱，找到它在你生活中存在的证据，改变你和焦虑的关系，从而让焦虑对你生活的影响回归正常范围内。

你的焦虑可能是单纯的焦虑，也可能是因为患有焦虑症，包括广泛性焦虑障碍（generalized anxiety disorder）、惊恐障碍（panic disorder）、社交恐惧症（social phobia）、某些特定恐惧症（specific phobia）或强迫症（obsessive compulsive disorder）等。本书中介绍的方法可以用于自我治疗，也可以用于有专业治疗师指导的治疗。你可以根据自身实际情况选择。

乔为摆脱焦虑努力过，但没有成功。家人和朋友出于好意劝他"停止焦虑"，仿佛焦虑是个能被轻易解决的简单问题，而这种劝说只会让他更恼怒。他尝试过很多方法——停止思考、让自己忙起来、祈祷、冥想、改善饮食、锻炼、补充营养、寻求妻子的安慰、去网络上寻求安慰等，但都收效甚微。

即便如此，数百万像乔这样的焦虑者仍然有机会减轻焦虑给自己生活带来的破坏性影响。如果你已经焦虑到了不合理的地步，并一直找不到合适的方法来缓解焦虑，那你就需要寻找更好的方法来应对焦虑了。我会帮你找到这样的方法，并让它们发挥作用。

我建议你从第一页开始读这本书，并以适合你的速度读完，一边读一边记笔记、回答问题。我帮助过许多受焦虑困扰的人，书中的方法对他们中的很多人都有效。你可能也像他们一样，迫不及待地想读完这本书，以最快的速度找到解决焦虑的方法。但千万不要着急。

一块冷冻的比萨需要用 400℃高温加热 20 分钟后才能吃。你如果真的很饿或者缺乏耐心，可能会想：用 800℃高温加热 10 分钟应该也可以！但这样做可能会引发火灾。等消防员灭完火离开你家后，你依然饥肠辘辘。不要着急。我知道你很着急，但是一定要慢慢来。

THE WORRY TRICK

第 1 章

焦虑陷阱

本章将介绍焦虑布下的陷阱，以及我们究竟是如何落入陷阱的。这将是帮助你缓解焦虑的第一步。对很多人来说，焦虑长期伴随他们左右。你真正了解了焦虑陷阱之后，就不会总是陷于焦虑，也能够更好地缓解生活中的焦虑。我会帮助你缓解焦虑，减少它出现的频率。

焦虑的常见特点之一便是我们总会希望减少它。来找我咨询的人里没有一个是希望增加焦虑或者提高焦虑程度的。

为什么我们不希望自己过分焦虑呢？为什么我们不会感激焦虑带给我们的提示和警告呢？如果有扒手要偷我的车，我会很感激把这个消息告诉我的邻居，因为这样我就可以去报警，我甚至可能因此送邻居礼物以示感谢。

焦虑：一位不速之客

我们不太可能感激焦虑，是因为焦虑几乎不会带来任何有用的新消息。相反，焦虑不断重复我们已知的潜在问题，或者警告我们可能发生、概率却可以被忽略的极端事件。焦虑基本上提供不了任何帮助，因此我们并不会感激它。焦虑更像是困扰，而非新闻。

如果焦虑能提供重要而有用的信息，我们还有可能对它表示欢迎，但焦虑通常是不准确的。哪怕焦虑有一点点用处，你现在都不会在读这本书。焦虑对未来的预测并非建立在将要发生的事情上，它更关注的是这件事发生后会有怎样糟糕的结果。它并非基于某事发生的可能性，而是基于对它发生的恐惧而产生。

如果焦虑是你的邻居，你会搬家。如果焦虑是你的员工，你会解雇他。如果焦虑是一个广播电台，你会换台或关掉收音机。这就是问题所在。

焦虑之所以棘手，是因为你无法关闭大脑，也没有让它停止的简单方法。让焦虑停止是人的本能，这是毫无疑问的。如果有一只蚊子一直在你身边嗡嗡叫，你会打死它，但你却没有停止焦虑的好方法，因为我们天生不擅长这一点。这里的问题不仅是无法消除焦虑，而是其背后一系列更复杂的机制：我们消除焦虑的努力不会缓解焦虑，反而让它更严重了。

焦虑给你设了圈套

无法停止焦虑并不代表焦虑是无法解决的。事实上，我们能控制焦虑，也能解决焦虑。我们之所以有非常多的焦虑问题，是因为焦虑会给你设下圈套，引诱你跳进去。焦虑不断刺激你、欺骗你，让你以自己希望有用的方式做出回应，实际上却让麻烦更严重、更持久了。

　　这就是你在焦虑中挣扎了很久，却发现自己无法停止焦虑的原因。你解决不了这个问题，不是因为你太弱小、太紧张、太愚蠢或者有某种程度的缺陷，而是因为你落入了陷阱，使用了只会让问题更严重、更持久的错误的解决方式。我会揭露这个陷阱的机制，让你在生活中发现它存在的痕迹，帮你学会用更有效的方法来应对焦虑。

什么是焦虑陷阱

　　焦虑设下陷阱的机制是，让你把不确定的感觉当成危险。

　　在生活中，我们都表现得好像对生活的下一步有所预料。大多数时候，我出门上班前都会告诉妻子和儿子我会几点到家。我说得笃定，但事实上我也不确定。有可能临时增加了一场会议，需要加班；有可能最后一场会议取消了，能早回家；也有可能只是想简单回几个电话，却打了很久；还有可能因为轮胎没气了或者路上堵车而晚到家。假如那天运气真的差到不行，我甚至可能因为意外离世。

　　通常情况下，我不太在意这些不确定因素。我知道它们一定存在，因为我也无法预知未来一定会发生什么，但这些不确定因素通常不会对我产生太大影响。我会继续做自己的事，并相信如果有不确定因素出现，我也可以应对。生活就是如此。

把不安当成危险

如果真有不确定的事让我们烦恼，每个人的反应也不尽相同。我们会把不确定感当作存在危险的标志，而不是通常情况下单纯的不安。你如果错误地把不确定因素带来的不安当作危险，就会与它抗争，试图驱赶这些多余的想法。

你会怎么抗争呢？你可能会努力说服自己，你担心的事情并不会发生。最终的结果就是你陷入了和自己的争辩中，变得更加焦虑。你可能会试着"不去想这件事"，但这样做的结果和禁书是一样的——只会让你更在意那些令人烦恼的想法！你可能试图阻止担心的事情发生，但是又会担心保护措施是否充足。你也可能一再向家人和朋友寻求安慰。但是，如果他们告诉你一切都会顺利，你又会担心他们只是在敷衍你，于是不再谈论这个话题。

之后，你会越陷越深，越发不确定，越发害怕，继续无谓地挣扎。

对未知的恐惧

有时候，我们谈论"对未知的恐惧"时，似乎把它当成了恐惧中特殊的一类，但其实关于未来的一切本来就都是未知的。我们觉得恐怖的并不是未知本身，而是未来会发生坏事的可能性——这才是我们害怕的对象。

　　如果你准备招待上司夫妇一顿特别的晚餐，又担心回家路上会遇到堵车，为了停止焦虑，你需要确保这件事不会发生。你可以时时关注交通状况，或是选择耗时更久但车流量更小的路线。你也可以给妻子打电话，问问她觉得你遇到堵车的概率有多大，寻求她的保证。你也可以准备一个后备计划，找一个接到临时订单也能送餐的餐馆，记下他们的联系方式。或许你也会因此意识到自己非常依赖手机，需要时刻注意它的电量了。

　　如果你得了风寒感冒，病迟迟不好，你担心自己会不会是得了癌症或其他严重的病，你可以尝试用类似的方法来缓解焦虑。通常，咨询医生是个好主意。但如果问一个医生不管用，你可以多问几个。你可能会在不同的网站上查询自己的症状；可能会翻看讣告，看看最近有没有和你年龄相仿的人死于癌症；可能会翻医学百科全书；也可能会询问邻居最近是否有感冒病例。

　　在每种情况下，你都会花很多时间和精力说服自己"没什么可担心的"，你不会遇到严重的堵车，也不会得癌症。

　　不幸的是，你可能并不会因此松一口气，因为你无法确保这些事一定不会发生。你知道这些事发生的可能性不大，但是无法百分百肯定明天不会发生灾难，因为只要判定灾难的标准足够宽松，什么"灾难"都有可能发生。

　　因此，我不能确保晚宴不出岔子，因为这一点是不可能确保的，但这个想法不会影响我。然而，如果我感到这个想法影响我了，于是试图去摆脱它，这时我才陷入了麻烦。

焦虑依托于无法预测的未来

一个非常担心发生车祸的丈夫可能会在妻子没按时回家时感到紧张、焦虑。他可能会给妻子打电话，确保她没出什么事。如果妻子的手机刚好关机，或者手机放在包的最里面、妻子没有听到铃声，这位试图通过打电话来安慰自己的丈夫可能会更担心和害怕。接下来，他可能会打开电视，看看有没有关于车祸的新闻。他可能会考虑是不是该给附近的医院打电话，看看妻子是否被送到了医院。他也可能开车出门四处寻找妻子的车。在路上，他还会担心自己错过医院打给家中座机的电话（如果他们还有座机的话）。

他也有可能一直待在家里，焦急地踱步，思考自己是不是该做些什么。

焦虑如何对你起到反作用

焦虑最具讽刺性的一点是，努力缓解焦虑的做法常常会适得其反。"劝说自己停止焦虑"的努力往往会以失败告终。之后，你会把没能成功说服自己坏事不会发生当作坏事将要发生的证据。因此，尝试停止焦虑会让你变得更加焦虑。这就是焦虑陷阱的核心机制。

没人知道未来会发生什么。我们（目前）只知道每个人都会死，但不知道死亡的具体时间和方式。明天很可能是和今天差不多的一天，但是谁也无法证明这一点。你如果把无法证明这一点当作坏事会发生的证据，就会感到非常焦虑。下面的故事是我生活中真实发生过的。

我儿子在出生后不久患上了黄疸——他的皮肤变成了黄色。这种情况常见于新生儿，几乎无害，通常几天内就能痊愈。如果需要治疗，基本方案是光照疗法，也就是把患儿放在特殊光线下照射几天。我儿子就需要接受光照疗法。

我们和儿科医生沟通得很不顺利。我妻子问医生，如果光照疗法不起作用，怎么办？医生说，这种情况不大可能发生，光照疗法几乎没有失败过，但他也提到了失败后会出现的一些罕见的后果。我妻子又问，如果真的失败，该怎么办？医生就介绍了几个能解决问题的小手术。我妻子继续追问，如果手术也失败了，怎么办？医生说，那是不可能的，但如果这种极端情况真的出现，还可以彻底换血，也就是把我儿子身体里的血全部换掉。我妻子问，这个方法是否安全？医生说，输入的血液通常是安全的，但也不排除患者在输血过程中感染艾滋病、丙肝等其他疾病的可能。

那十分钟简直太痛苦了！在几秒钟内，我们经历了从为可爱的儿子安排极常见的医疗措施到思考他在一岁前就染上艾滋病的可能性的剧烈转折。整件事都很愚蠢，不是因为我们傻，而恰恰是因为我们是自然而然地站在各自作为父母或医生的角度去谈论这个问题的。我妻子提出可能性极低的假设，想从医生那里寻求一个明确的答案，以此减轻忧虑。医生客观、全面地回答了所有问题，希望能消除我们心里的疑虑。我什么都没做，因为我不知道如何能让当时的局面变得更好。结果就是，想象力丰富的我们在为一件有极大概率不会发生（但不是绝不会发生）的可怕事件担忧。过了几天，我儿子的黄疸慢慢消失了。在那之前，我们一直沉浸在他会染上恶性疾病的担忧中。

我之所以说这件事"有极大概率不会发生（但不是绝不会发生）"，是因为没人能百分之百确保一件事不会发生。即使是一件看起来不可能发生的事，也没人能保证它一定不会发生。我举个例子。

我：如果万有引力定律突然逆转，我们倒立着飘在空中，脑袋不断撞地，该怎么办？

科学家：根据量子力学、热力学基本定律等理论，这是不可能发生的（此处插入大量专业证据）。

我：但万一发生了，该怎么办？

你只会为你担心的事焦虑

现在我要问你一个问题。

你的车胎还有气吗？（不要去看！）

我问坐在我办公室里的咨询者这个问题时，几乎所有人都回答"有"，但从我的办公室根本看不到外面的车。他们是怎么知道车胎是否有气的？

其实他们并不确定，只是上次检查的时候，车胎还有气。对他们来说，知道这一点就足够了。他们如果不是特别担心这个问题，就会默认所有轮胎都有气。

但一旦涉及他们担心的问题，他们就想确定这件事绝对不会发生了。于是，他们会不断尝试证明他们担心的问题现在没有发生，将来也不会发生。他们如果担心车胎没有气，可能在咨询途中就想下楼去停车场检查一番，同时也会在我们谈话期间提及自己的担忧，希望得到"车胎有气"的保证。

我们能解决这个问题。我写这本书的目的就是帮你找到这个方法。如果你和大多数受焦虑困扰的人一样，那你可能也是怀着复杂的心情读这本书的。你希望书里有答案，又担心它会带给你更多的麻烦。或许你认为自己的焦虑已经够多，不需要制造更多。可能你在书店看到了这本书，拿起来快速翻了几页（或者在网上浏览了试读部分），准备在读的过程中一感到焦虑就把它放回书架。

通常，我们习惯用转移注意力等方式来逃避令人不愉快的想法，因此，阅读一本关于焦虑的书似乎是一件让人焦虑的事。读这本书违背了我们逃避焦虑的本能。

刚开始阅读时，你可能会更焦虑。这种情况实际上很常见。我理解你的不适，但还是希望你能明白，这不是个坏兆头。通常，第一次焦虑咨询最容易引起焦虑。咨询者都希望得到好的结果，害怕自己得不到，但最害怕自己在咨询后变得更焦虑。这就是预期性焦虑（anticipatory anxiety），往往出现在一项任务开始之前。

你是否曾站在浅水处，试图在下水前适应海水的温度？你可能会在沙滩上站一会儿，感受冰冷的海水拍打着脚踝，试图适应这种感觉，但无论怎样努力都只觉得更冷了。你站在微风中，感受身体和海水之间巨大的温差。在下水前，你无法真正地适应海水的温度，但一旦进入海里，你就会感到舒服起来。如果你迟迟不肯下水，想要感受舒适的本能就会首先让你感到不适。

焦虑亦如此。一开始感到焦虑是很正常的，也是预料之中的。不要被紧张感欺骗，因为焦虑会慢慢消退。来吧，水温刚好！

长期焦虑者的故事

在深入介绍长期焦虑之前，我想介绍两位长期焦虑者。我们每个人都更善于观察和理解其他人的行为模式，却不擅长观察自己的。这就是人类的特点。也许听听其他人长期焦虑的故事能让你更好地认识自己的焦虑。思考其他人长期焦虑的经历后，你会更好地理解焦虑如何诱导你做出让事态恶化的回应。

以下案例中的人物都不是真实存在的。他们是我过去多年的众多咨询者的缩影。但是，他们挣扎的细节真实反映出与不同形式的长期焦虑做斗争的情况。

案例1：斯科特

斯科特坐在办公桌前，盯着电脑屏幕，时不时敲几下键盘，但心思完全不在这里。因为报告没写完，他心里很焦虑。"万一我一直焦虑下去，写不完报告，怎么办？"他的脑海中闪现出保安来到办公室里请他离开并搬走他个人物品的画面。他的下属会在过道里站成一排看着他离开吗？他会直接回家告诉妻子自己失业了吗？妻子会不会鄙夷地离开他？他会不会没有回家，而是去了酒吧，喝得人事不知？万一他在酒吧喝醉酒，打了架，伤了人，被警察逮捕了呢？

他有点儿头疼，于是开始隐隐担忧是不是自己过于焦虑，引发了脑出血。他不确定脑出血是什么样的，也不知道它是怎么发生的，但是万一坐在桌前焦虑就会导致脑出血，怎么办？他感到口渴，想起了以前听过的关于长时间乘坐飞机会导致脱水的警告。他心想："多久不喝水算长时间呢？"也许脱水也会导致脑出血。于是，他向后推开椅子，起身去茶水间接水。后背也开始疼了。他想起自己昨晚没有休息好，希望今晚能睡个好觉。他思考着，到底是早睡好还是晚睡好？万一疲劳导致工作效率低下，怎么办？

去茶水间的路上，他想到老板今天一天都在公司，而老板的办公室就在他去接水的路上。万一她一抬头刚好看到他经过，怎么办？万一她开始思考为什么他不在办公室工作，开始觉得他失去竞争力，怎么办？万一他经过办公室时，老板对他说"嗨，斯科特"，怎么办？万一他一时想不到说什么，只会盯着老板看或嘟囔两句，怎么办？他在三个月后有一次绩效考核。万一老板今天认真观察他之后发现了他的焦虑，怎么办？他的工作业绩一直不错，评价也很好，晋升也很稳定。但是万一他现在已经发展到头了，而老板和其他同事也已经清楚地意识到了这一点，该怎么办？

斯科特觉得自己没有那么渴，于是回到了办公室。他继续写着报告，并进行一些修改。但没过一会儿，他又开始思考，万一脱水引发了癫痫，怎么办？他开始玩电脑上的纸牌接龙游戏，试图转移注意力，但这个烦人的想法不断在脑海中浮现。最终，他打开浏览器，搜索关于癫痫、脱水和脑出血的信息。

这样的情况一再发生。斯科特其实是一名身体健康、工作高效、备受器重的员工。他的家庭美满，生活幸福。但同时，他也经常体验到焦虑。

他努力控制着自己的焦虑情绪，为此尝试过许多方法。有一段时间，他曾尝试药物治疗。但他不喜欢服药后的感受，也担心长期服药会产生副作用，尽管医生说这种可能性不大。以前，他在夜里辗转反侧，难以入睡。为了改善失眠，他喝酒喝得越来越多。酒确实能帮他快速入睡，但他每天醒来时却感到像根本没睡一样，同时也担心自己会对酒成瘾。他坚持锻炼，控制饮食，尽可能保持健康，却发现自己健康的躯壳里有一颗不健康的心。他想尝试冥想，但又害怕让大脑陷入空白会使其产生更多焦虑。他花很多时间来转移注意力，回避消极想法。他害怕看到消极的话题，所以不再看任何新闻，不读报纸，也不看以医院等场所为背景的电视节目。

斯科特被确诊为广泛性焦虑障碍（generalized anxiety disorder），曾多次接受治疗。其中一类疗法专注他的童年和早期生活经历，帮助他更好地了解自己，但没有解决焦虑的问题。他也尝试过认知行为疗法，评估了自己的思想，找出并纠正了其中的错误。认知行为疗法似乎发挥了一定的作用，但是时间一长，他越来越关注自己的想法，总和自己争论自己是否夸大了某个想法，试图纠正思想中所有的"错误"，而一旦做不到就会感到挫败和焦虑。把想法写下来进行评估的做法让他觉得很矛盾，因为这似乎给他带来了更多烦恼，因此他慢慢放弃了这种疗法。

斯科特认为自己不焦虑时的状态最好。有时候，一连几天甚至几周都没有太大的烦心事，他会感觉很不错。但他迟早会发现自己最近状态不错，很久都没有焦虑过，于是开始担心，万一自己又开始焦虑，该怎么办。你肯定已经猜到接下来会发生什么了——斯科特又开始焦虑了。他试图停止焦虑，但没有成功，于是再次进入恶性循环。他一会儿担心小概率坏事会发生，一会儿担心自己的焦虑程度太深，因此陷入了绝望。

斯科特是一位长期焦虑者。虽然他的情况很严重，但希望和办法还是有的。你如果有同样的问题，它们也是可以解决的。

案例 2：安

安的焦虑在于人际交往方面。和熟人来往通常没什么问题，但如果是和不认识或不熟的人交往、和上司或权威人士打交道以及参加集体活动，她就会紧张和焦虑。

只要没有丈夫的陪伴，安就不会参加聚会等社交活动，因为她害怕交谈时自己会因为太紧张而说不出话。参加社交活动前，她往往会喝一两杯酒。她担心的是，万一别人都眼巴巴地看着自己、等待自己说话，自己却想不到说什么，该怎么办。她想象自己在社交场合陷入窘境，肉眼可见地紧张起来，不断出汗，双手颤抖，张口结舌，而这些反应会被聚会上的其他人看在眼里。只要丈夫在身边，她就觉得自己可以应对社交场面，因为丈夫会在她平复情绪或去洗手间时继续和其他人交流。

找借口去洗手间缓解焦虑的念头能让她放松一些，但这个方法也有让她担忧的地方。事实上，她从来没有真的为平复心情而躲进洗手间。如果去过一次，在聚会期间就不能再去了，因为她怕其他人猜测为什么她总去洗手间。安认为去洗手间这个借口和"大富翁"游戏里的"出狱卡"一样，只能使用一次。她认为这招要留到最需要的时候再使用，所以一直没用过它。

安非常在意自己的社交焦虑，努力不让别人发现这个问题。她担心上司和同事如果知道她在日常沟通时如此焦虑，会对她有意见。有几次，她的上司让她在员工大会上主持讨论，但每一次她都找借口推掉了。她担心自己已经没有借口可找了，还担心上司再也不相信这些借口。

对他人评价的恐惧

安的社交焦虑源于她对他人评价的恐惧。她特别担心自己焦虑的样子会导致别人认为自己有问题，从而疏远自己，甚至在背后议论自己。讽刺的是，安的担忧反映出了一种矛盾：她既相信"我一文不值"，又相信"每个人都有兴趣观察和评价我"。

对安来说，治疗社交恐惧的方法或许有用，但面对一个会问隐私问题的陌生人又让她非常害怕。她担心自己在治疗师面前惊恐发作。那时她看起来肯定像个疯子！正是这些担忧阻止她寻求帮助。她如果能换一种眼光来看待焦虑，就能找到在生活中继续前进的关键。

本章小结

安和斯科特——以及他们代表的数百万人——都存在着不同的焦虑问题，焦虑的对象也不同。他们的共同之处是看待焦虑的视角。他们拼命想要结束焦虑，却发现焦虑不但没有消失，反而愈演愈烈了。

他们发现越挣扎就越焦虑，于是感到更加沮丧和无力。他们总认为这是因为自己效率太低，无法简单、高效地清空大脑，认为问题出在自己身上。

如果"越挣扎就越焦虑"的确是真的，那或许是你尝试的方法不对，而不是你有问题。如果你一直因为焦虑而埋怨自己，那么你就搞错了方向。

努力停止焦虑只会加剧焦虑，让焦虑持续。了解焦虑陷阱是如何在你的生活中发挥作用的，有助于你解决焦虑问题。在下一章中，我将带你以全新的视角看待我们与长期焦虑之间的关系。

THE WORRY TRICK

第 2 章

普通焦虑与长期焦虑

如果你有长期焦虑的问题，那么你很可能以为只有自己是这样的。来找我解决焦虑问题的咨询者都是这么认为的。其实焦虑是一种困扰着无数人的问题，但他们总以为自己在孤军奋战。

每个人都会感到焦虑。这是人类生存的常态之一。如果说谁不会感到焦虑，那可能只有死人了。每个人的脑海中都出现过夸张、不切实际的，认为将来可能发生坏事的想法。

我之所以说我们脑海中"出现"了一些想法，是因为焦虑并不是我们主动找来的。实际上，你可能只会主动寻找阻止焦虑出现的方法。也许这些想法违背了你的意愿，自己冒出来；也许你遇到的某些事让你想起了不愉快的话题。

这和你在考虑买车时进行的主动思考完全不同。买车的时候，你会专门从可靠性、油耗、耐用性、安全性、外观、价格等方面对比备选项。这种反复评估的过程会帮助你做出决定。焦虑则更像是对你评头论足的烦人同事。他总是含沙射影地对你的工作做出负面评价，让你感到厌烦，而这些评价对工作也起不到任何帮助。

对比的误区

如果你有长期焦虑的问题，你可能认为自己属于少数群体，因为你没找到你的同类。在你眼里，其他人都沉着冷静，似乎从不会焦虑。与他们相比，你自愧不如。

这是我的咨询者们的共识。他们看到他人似乎从不焦虑后，会感到自己很差劲。当然，如果在一场聚会或会议上，我发现我被一群自信满满的人包围了，我也会自惭形秽。

但我知道这样想是不对的。如果你也有类似的想法，也许你也像我一样进入了思维的误区。这是因为，当你觉得别人冷静、自信时，你是通过他们的外在表现——脸上的表情、视线的移动、肩膀的状态、说话的口吻、使用的手势等因素做出判断的。他们看起来没什么烦心事。但此时，你是在拿他们的外在表现与你的内心感受进行比较。

一边是你自己通过神经末梢获得的感受，一边是他人显露出的表现，这二者完全没有可比性，就好像在比较苹果和鳄鱼。

对部分人来说，最大的差异在于应对焦虑的方式。关键就在这里：重要的是你如何应对，而不是焦虑的想法是否会出现。

可能会让你感到惊讶的是，你焦虑的具体内容往往不是最重要的。最重要的是，无论焦虑的具体内容是什么，你如何看待它。

普通焦虑

不同人焦虑的内容和对象是不同的。有的人担心的大多是普通的事，是大多数人在生活中的某些时刻都会遇到的问题。生活中有消极事件发生时，担忧是很正常的。举个例子，经济不景气的时候，很多人会担心自己失业或付不起房租、还不起房贷。如果生活中发生了其他变化，比如换老板或房东等会在社会关系中增加不确定性的事情，他们也会担心失去工作或住所。

有时，为了应对焦虑，我们会制订计划，采取行动。之后，焦虑情绪会慢慢缓解。此时，我们会认为焦虑发挥了作用：它指出了潜在的问题，并让你准备好了解决方案。

无论何时都会出现的焦虑

还有些人不是在应对消极变化时才产生焦虑的，相反，有好事发生才会让他们感到焦虑！

即使此时经济向好，自己工作评价优秀，还是有人担心自己失业。即使被第一志愿的大学录取，收到了别人的祝贺，也有人会感到焦虑。一个此前从未忘记给咖啡壶拔掉电源也从没担心过这件事的人，也许会在登上去往梦想中的度假胜地的飞机后开始担心是不是忘了这一步。升职、生育等"美好"的事往往会引发不切实际的持久焦虑，让人担心生活中会出现消极情况。

他们之所以会在好事发生时感到焦虑，是迷信在作祟。他们认为这些事情发生的"时机不对"。在他们眼中，在好事发生的时候出问题"可就太丢脸了"以及"现在一旦出问题，我要付出的代价就变大了"。这样的想法会导致他们生活中的好事变成焦虑的导火索。

因此，无论遇到好事还是坏事，焦虑者都会立刻感受到焦虑。通常情况下，焦虑无法准确预测未来，因为它们建立在对可能发生的最坏情况的担忧上，但一般这些情况是不会发生的。如果焦虑是你的证券经纪人，你会炒了他的。

其他时候，我们担心的坏事发生的概率其实很低。至少在大多数时候，包括焦虑者在内的许多人都对此心知肚明。我们往往把这样的焦虑视为"非理性"或不合逻辑的，比如忘记关火、不小心把杀虫剂倒入糖罐、开车时无意撞到行人等概率极低甚至令人啼笑皆非的极端性错误。但焦虑者认为这些错误带来的后果非常糟糕，因此会努力"确保"这些情况不会发生，而这种努力自然就导致了长期焦虑。

总而言之，人们担心的内容是不同的。有的人偶尔担心一些常见问题，但这种焦虑并不持久，只是偶尔令人心烦罢了。事实上，焦虑往往会提醒他们采取适当行动，因此是有助他们进步的。

然而，另一些人存在严重的焦虑问题。有时，他们会为普通的情况焦虑，而且无法把焦虑从脑海中赶走，只会反复担心根本没必要担心的事。另一些时候，他们会过分担心概率极低的极端情况，因此长期受到焦虑困扰，时常显得心事重重。

普通焦虑和长期焦虑的区别不在于焦虑的内容，而在于应对焦虑的方法和对待焦虑的态度。这些也是判断一个人是偶尔有轻微的焦虑还是长期受焦虑折磨的关键。我们与焦虑建立的关系、看待焦虑的方式以及应对焦虑的方法决定了我们体验的焦虑的种类。

我们一起来看一看。

可以改善的普通焦虑

普通焦虑有时是不切实际的，但这种不切实际的焦虑在生活中反复出现也是正常现象，只要它们在长期反复的过程中没有形成固定的模式就好。学生偶尔会担心考试成绩，但不会每次小测验时都担心自己因为不及格而被开除。员工可能在快到年度考核时感到焦虑，但不会在每次遇到老板时都担心自己会被解雇。

普通焦虑偶尔出现，不会对日常生活造成过多影响。有时，它还能让你注意到亟待解决的问题，让你去规划和思考解决方案。当你找到解决办法并采取行动后，普通焦虑就会消失。这种焦虑对你是有利的。

而在其他时候，焦虑表现为一种泛化的紧张状态，不会引导你发现任何问题，也不会帮你找到解决方案。当你因为感冒几天未愈而身体不适，或是过度疲劳，或是在工作、感情中遭遇重挫时，你更容易陷入平时本能避开的焦虑。

你和普通焦虑的关系就好比和不熟的邻居或同事的关系。你偶尔会遇到他们，但交集并不频繁，有时可能一天都不会遇到一次。一旦遇见，你会礼貌而客气地问候一句，但你对他们没有任何感情倾向，无论是好是坏。和他们产生分歧并不会让你烦心，和他们相处甚欢也不会让你开心。他们对你来说一点儿都不重要。

和焦虑保持这种关系的人也会陷入焦虑，但频率很低。他们知道焦虑总会过去，因此不会浪费时间和精力来应对它。对这种自然来去的焦虑想法，他们根本不会在意。或许最重要的一点是，他们不会因为自己的焦虑情绪很严重而焦虑。

然而，如果你和长期焦虑的关系达到了妨碍正常生活的程度，这就完全是另一回事了。

妨碍正常生活的长期焦虑

有些人的焦虑超过了正常范畴，导致焦虑出现频率增加，成了生活中随处可见的麻烦事，甚至会导致生活质量大幅降低。

如果你有长期焦虑的问题，那么你体验到的焦虑是超量的。谁来定义多少算超量？就是处于焦虑中的人。如果你觉得自己生活中的焦虑过多，想缓解焦虑，你或许可以尝试着弱化焦虑在你生活中扮演的角色。

你与长期焦虑的关系中最重要的一点不是焦虑想法的多少，而是应对焦虑的方式。你与焦虑的关系中通常充满了冲突与斗争。你坚持控制和改变焦虑的做法，但越反抗、越抵触，焦虑就越持久。在这种关系中，你总是过于在意焦虑，总是试图改变它。

长期焦虑对人的影响

长期焦虑会让你不由自主地思考可能发生的坏事和灾难，哪怕你实际上并不想思考这些。长期焦虑会带来一系列想法，让你想象出越来越不现实的因果关系，暗示你最终会遭遇可怕的灾难、失去理智或者丧失行为能力。

这些想法让人沮丧。你本想放松身心，看看电视节目或在公园里读书，和家人吃一顿晚饭或与朋友共进午餐，但焦虑的念头又会在这些时刻侵入脑海。

它们似乎不受你的控制，偏偏在你不希望它们出现的时候到来。

万一我被辞退了，怎么办？

万一我女儿因为不及格被开除，怎么办？

万一我因为生病无法工作，怎么办？

万一我爱的某个人去世了，怎么办？

万一今年冬天火炉坏了，怎么办？

万一我开始在飞机上尖叫，怎么办？

万一我像那个疯子一样开枪杀人，怎么办?

万一我睡着的时候车库的门自己开了，怎么办?

万一我得了癌症，怎么办?

万一乔看出来我很紧张，怎么办?

万一我看起来很紧张，被店员当作扒手，怎么办?

万一做汇报的时候我尿裤子，怎么办?

长期焦虑可能会:

● 在一段时间里成为你生活的重心

● 让你持续关注发生概率极低的灾难

● 让你不再关注有价值的任务和责任

● 影响你和亲人、朋友以及其他重要对象的关系

● 让你过度思虑，却得不出任何有用的结论

● 持续存在，直到被其他意识取代

● 持续存在，即使你意识到它只会浪费你的时间

● 影响你当下的生活

● 让你感到无助、失望、失控

长期焦虑者会不停地反复思考让他们担忧的问题，却想不出任何新的解决方案，也不会采取任何有效的行动。长期焦虑不会自行消失，而是会一直存在，仿佛有自己的生命一样。

焦虑不止存在于心理层面

长期焦虑还伴有各种躯体症状和行为。你可能总会感到烦躁，很难放松，无法享受片刻宁静或专心看一部电影。你也可能止不住抖腿，在座位上不停换姿势，掰手指关节，持续叹气，时不时查看手机。你可能非常易怒，一些无关紧要的声音和干扰就会让你受惊或发火。你还可能出现肌肉紧张的情况，导致后背酸痛、脖子疼、头疼。你还可能感到疲惫，没来由地浑身乏力。你的胃也可能不舒服。你还会遇到睡眠问题 —— 要么睡不着，要么醒太早。

长期焦虑不会起到让你意识到需要解决的问题的作用，只会对你解决问题的过程形成干扰。你如果有长期焦虑的问题，就会把注意力全部集中在你假设的小概率的灾难上，而不会关注眼下需要解决的问题。我们之所以无法解决长期焦虑，是因为根本就不存在需要解决的问题。焦虑只是反复出现的念头而已，最终会被其他念头取代。

长期焦虑一旦变成生活的重心，就会挤走让你感到快乐的事情。你的身体活在当下，在熟悉的环境中，大脑却在担忧未来会有坏事发生。

最终，如果你有长期焦虑的问题，你总会试着消灭它，但这些努力只会让事情变得更糟。这就像在古希腊神话中，英雄遇到了长着许多头的巨蟒或龙。他砍掉了几颗头后，在被砍掉的地方又会迅速长出新的头。

我不希望这种事情发生。你难道希望焦虑变严重吗？

人与焦虑的关系

面对焦虑，我们有几种不同的反应。这些反应是长期焦虑问题的核心，也导致人与焦虑形成了某些关系。想要减少焦虑带来的麻烦，就要改变人与焦虑的关系，而非焦虑本身。

你可能会思考自己一开始是如何与焦虑产生关系的。我们一起来看看。

陷入焦虑的过程

第一步，你不喜欢你的某些想法。这很正常。焦虑的内容往往是消极的，总在暗示未来会发生坏事。没人会有这种担心："万一我买彩票中了五千万美元，能去塔希提岛过上梦想中的幸福生活，该怎么办？"没人会担心好事发生。你也一样，担心的总是坏事。

第二步，在没那么焦虑的大多数时候，你可能意识到自己的想法不切实际了，但这无济于事，无法帮你摆脱这些想法。即使已经意识到这些烦人的想法不切实际，它们还是会不请自来，继续在你脑海中盘旋。

大多数焦虑者会因此而感到沮丧。我多次和咨询者讲到，他们焦虑的内容都是不切实际的。认知行为疗法（cognitive behavioral therapy）中有一个方法叫"认知重建"（cognitive restructuring）。治疗师会帮助咨询者审视自己的想法，发现并纠正错误观念，进而让思考更符合现实。这个方法能解决很多问题，但无法解决长期焦虑的问题。在认知重建的过程中，咨询者的通常反应是"这一点我知道"，而不是"原来如此，我释然了"。这种治疗只提供了咨询者早已掌握的信息，难以满足他们的需求。

他们确实早就知道了。他们并不需要治疗师的帮助就能意识到，自己的焦虑是被夸大的小概率事件。这正是他们一开始来寻求治疗的原因——他们清楚自己总在担心不可能发生的灾难。你也许和他们一样，被反复出现的焦虑困扰，担心不切实际的坏事发生，同时又想摆脱焦虑，却发现努力无济于事，因此越来越懊恼。

第三步，你可能认为如果继续不由自主地纠结不切实际的消极想法，自己身上就出了问题。你认为不能控制自己的思想就意味着"失控"，可怕的是，自己现在已经失控了。于是你陷入了被反复出现的焦虑困扰，担心不切实际的坏事发生，想要摆脱焦虑却无济于事，并因此感到越来越沮丧，同时害怕这意味着你正在失去对自己的控制的循环。

最后一步，你在尝试清除这些想法。你这样做可能是因为对自己的想法感到厌烦和恐惧，你也可能意识到这些想法不切实际，但依然把无法控制自己思想的情况看作精神出问题的征兆。无论如何，你都会尝试许多对抗焦虑的方法：转移注意力、避免焦虑、阻止思考、重建认知、批驳想法、寻求安慰、求助于药物或酒精，等等。通常来说，这些方法会使你更焦虑。与焦虑抗争不会缓解焦虑，只会加剧它。

你即使不喜欢焦虑，也会下意识地认为焦虑在某种程度上能帮助你。这样的认知会影响你应对焦虑的方式，让焦虑更持久。第 11 章将详细说明这个问题。

以上就是你担心不切实际的坏事会发生，希望能够停止焦虑，反而因此陷入焦虑的过程。无法消散的焦虑让你越来越沮丧，担心自己会失控。你迫不及待地想要摆脱焦虑，却发现越想赶走焦虑，自己就越焦虑。

如果你陷入了长期焦虑的困境，你和焦虑的关系便如上所述。这就是你需要解决的问题。

你的想法有自己的想法

思想是焦虑的表现形式 —— 这是焦虑问题的关键。现代西方文化重视思想在生活中发挥的作用，将思想看作数十亿年发展演化的成果。大多数人是尊重思想的，尤其是自己的思想。你可能非常关注和重视自己的思想，哪怕是夸张或不符合现实的那些。

这就引出了思想的另一个方面。大多数人认为自己能够控制自己的思想。你或许认为大脑只能产生自己想要且有用的想法，而不会产生自己不想要的想法。然而，你的想法有自己的想法。产生不受控制又赶不走的想法很正常。如果某首歌曾经在你脑海中挥散不去，你就能明白我的意思。

如果你不确定自己是否遇到过这种情况，现在花一分钟时间，试着不去想你的第一只宠物。把书放下，坐好，用一分钟时间来思考。

结果怎么样？你如果和大多数人一样，可能在这一分钟里对你第一只宠物的回忆比过去几年里的都多。

回顾你的常见焦虑

让我们仔细看看你的一些焦虑想法。这样有助于你更好地了解焦虑的发展过程，找到摆脱长期焦虑的方法，解决你和焦虑的冲突。

回顾过去的焦虑想法并把其中一些写下来，你能做到吗？

你可能并不想做这件事。也许你认为如果把这些想法写下来，焦虑就会更持久地纠缠你，甚至焦虑想法成真的可能性也会越大。也许你只想尽快忘掉焦虑，享受生活。也许你认为把焦虑写下来只会让自己更焦虑。

也许你目前在想："我买这本书是为了摆脱焦虑而不是把它们写下来！我只想摆脱焦虑。"

你通常的做法就是尝试赶走焦虑，但现在你在阅读一本关于焦虑的书。这就说明你尝试过的方法可能并没有发挥太大作用。如果真有用的话，你现在应该在做更有趣的事情，而不是在读关于焦虑的书，甚至准备写下你的焦虑。

如果你过去试着解决这个问题却没有成功，或许原因不像你以为的那样出在你身上，一个很大的可能性是，你在坚持使用实际上无效的方法。换个方法，效果可能会更好。你如果愿意尝试，现在就写下几个你常见的焦虑，之后你将在它们身上下些功夫。

列出你的焦虑

假如你遭遇了抢劫，接下来的做法是这样的：你报案之后，警察会让你坐下来，向警局的犯罪侧写师描述抢劫犯的外表，方便他们画出罪犯的画像。这样做能帮助警察逮捕犯罪嫌疑人。这个过程虽然并不愉快，但是你非做不可的。写下你的焦虑是改善你和焦虑关系的第一步。难道不值得一试吗？

最近让你感到烦恼的事情有哪些？在你最喜欢的电子设备上写下几个，或者用最传统的方式——写在纸上。

看一看你写下的焦虑，问自己下面这两个问题。

1. 你如今的现实生活中存在任何问题吗？

2. 如果有的话，你能采取行动改变现状吗？

如果你的回答都是肯定的，那你现在应该放下这本书，去解决问题。如果现实生活中存在严重的问题，而且你有能力解决它，那就赶紧去解决吧！

如果你的回答都是否定的（或者第一个问题的回答是肯定的，第二个是否定的），那你就有长期焦虑的问题。你很紧张，焦虑的想法只是紧张的表现而已。

你也可能给不出肯定或否定的答案，而在看到问题后产生了下面这些想法：

虽然现在没发生，可万一以后发生，怎么办？

如果我不时刻保持警惕，就会有坏事发生。

我希望没有坏事发生，但是我也不能确定真不会发生。

坏事可能不会发生，但万一真发生就太糟糕了……

坏事不是有一定发生概率的吗？我当然希望不会发生了。

如果我不焦虑，坏事可能就发生了。

这样的想法很难对付。如果你试图说服自己，坏事现在不可能、以后也不会甚至永远都不会发生，你就会产生这样的想法。证伪某种情况，也就是证明某件事"不会发生"是很难的。尝试证伪不会成功，只会让你更加焦虑。

拷问焦虑

拷问焦虑的过程就好比在律政剧中，证人在回答一个尖锐问题时反复打太极，就是不给出"是"或"不是"的明确回答，于是法官最后要求证人正面回答问题。虽然这只是个比喻，但在焦虑的情况下，用"是"或"不是"来回答问题会对你有很大帮助。

1. 你如今的现实生活中存在任何问题吗？
2. 如果有的话，你能采取行动改变现状吗？

大脑会让你产生很多想法。你可能认为未来会发生坏事。这是真的。无论你是否有过这个想法，它都是真的。一切皆有可能，有时候坏事的确会发生。没人能预知未来，但现在就开始担心也没有用。注意到这些想法，强迫自己做出"是"或"不是"的回答才更有用。如果回答不是"是"，那就是"不是"。

马克·吐温对焦虑的看法是："我一生中见过许多糟糕的事情，其中只有一部分真的发生了。"

你的回答是否反映了以下想法？

我永远走不上正轨。
我总感到抑郁，所以我永远解决不了这个问题。
我不知道什么才是最佳方案，所以我永远无法解决这个问题。
我下不了决定，更别说好决定了。我注定要受折磨。

这些想法会误导你，暗示你的内心世界出了问题。这些想法反映出的问题暗示你有一身缺点 —— 极端抑郁、缺乏安全感、优柔寡断、迷迷糊糊、愚蠢糊涂——因此，你没有能力解决问题，过上幸福生活。

　　这个想法更难对付，是一个更难识破的诱饵。它会反复出现，在你脑海中盘桓，让你为之纠结和难过。总之，它会在你脑中循环。你如果也被这种想法困扰，就好好思考下面这个问题。

　　长期来看，这些想法能持续多久？举个例子，如果我的狗不知为何瘸了，或者我车上的某个警示灯一直亮着，我会一直感到担心。我不会在出现这些问题后表现得若无其事。我清楚，这两个问题都是需要我去解决的，因此我才感到担心。只有在解决了问题或问题自己消失后，我的焦虑才会消失。

　　我有时灰心丧气，担心自己永远写不完这本书，感到难过和郁闷。这个念头通常会持续一会儿，而后会被其他念头取代。我写的文章获得了好评，我去看了一部搞笑电影，或者我和朋友愉快地聊了天，这些事都能让我改变想法，不再认为自己是一个糟糕的作家。我的写作能力和写出来的稿子都和以前的一样，但我的感受和想法却发生了变化。换言之，随着时间的推移，我对自己写作能力的看法也一直在变化。

　　当我解决了狗和警示灯的问题，我的焦虑就会随之消失。

　　如果你常有类似的反映出忧郁、无力或绝望的想法，问自己以下问题：这些想法一直存在吗？在过去七天和七周中，我的想法一直如此吗？我有没有发生改变，比如变得更积极？我是否觉得这些想法其实很夸张？它们是否像情绪一样起起落落？

想法不代表事实

情绪时常变化，通常没有什么显而易见的原因，但事实不会在没有新证据出现时发生改变。如果你的想法会随情绪的改变而变化，那么它反映的就不是存在于当下现实生活中的问题，而是内心世界会随时间推移而改变的悲伤和痛苦。这个问题取决于你如何看待自己的想法、情绪和身体感受。这个问题会定期出现，就像在灯光下会出现的影子一样，但它并不是现实生活中的问题，就像影子也不代表袭击者到来一样。你当下解决不了这个问题，也不是非解决它不可。它存在于脑海中，和现实生活毫无关联。它是人性枷锁的一部分。

如果此时你的现实生活中有必须解决的问题或必须承担的责任，你肯定会知道，也会采取行动应对。假如水槽堵塞，水快要溢出来了，你肯定会先抽水，而不是先沉迷于焦虑。假如你的狗朝着门叫个不停，你肯定会先去遛狗，而不是先沉迷于焦虑。

如果你正在经历长期焦虑，很可能你的现实生活中并没有任何问题。事实上，如果现在水槽里的水要满了或者狗开始疯狂地挠门，你或许会为了转移注意力而去处理这些问题，也会暂时搁置焦虑。

想法不是感受

有时我们把感受和想法混为一谈。举个例子，你可能经常听到有人说"我觉得我永远找不到好工作"或者"我觉得我有麻烦了"，但这些其实都不是感受，而是想法。想法是思想，感受是感觉，二者完全不同。想法有正误之分，或部分正确、部分错误。感受是情绪反应，没有正误之分。所以我认为这两句话这样说更准确：

> 我觉得我永远找不到好工作，并为此感到难过。
>
> 我觉得我有麻烦了，并为此感到害怕。

　　找不到好工作或者陷入麻烦的想法可能是对的，也可能不对。无论想法是对是错，感受都是对想法的反应。无论想法正确与否，我们都会产生同样有力的感受。无论想法背后的实际情况（或者不实际的情况）如何，我们的感受都能反映出我们的想法。

　　"我们对正确和错误的想法都有强烈的情绪反应"这一认识是认知重建的基础，能让我们的想法变得符合现实。通常来说，这个方法是有效的。然而，长期焦虑者往往能通过认知重建等方法把想法变得符合现实，但效果往往不如预期。我们会在下一章探讨这个问题。

本章小结

焦虑是很常见的，几乎每个人都有体验，但通常不会被其他人发现。因此，你可能以为自己是世界上为数不多甚至唯一的长期焦虑者。事实并非如此。

你焦虑的具体问题其实远没有你看待和应对焦虑的方式重要。若想解决长期焦虑，你需要仔细审视自己应对焦虑的方式。在这个过程中，你可能会发现自己用来控制焦虑的方法类似砍下恶龙的头 —— 只会让它长出更多咬人、喷火的头。缓解长期焦虑需要更换更有效的方法，从而改变你与焦虑的关系。

我会在下一章详述应对焦虑的方法。

THE WORRY TRICK

第 3 章

你与焦虑的两种关系

在接受心理咨询师培训的时候，我第一次为焦虑者提供了咨询。第一位咨询者总担心自己会失业。他为自己在工作中出现的小错误和存在的短板感到焦虑，却对自己的成就视而不见。我的导师想让我用认知重建的方法来帮助这位咨询者。你应该还记得我之前提过，认知重建的做法是发现并纠正引起焦虑的错误观念。

我的导师希望我能用好这些方法，因此我下了一番功夫。我帮这位咨询者意识到他在心里"放大了"所有消极方面，"弱化了"所有积极方面，因此在工作中缺乏安全感。某天咨询的时候，他的状态似乎有所改善。他对我说："我明白你的意思。一直以来，我都忽视了自己在工作中的成绩，过分重视需要改进的地方。我的老板似乎能接受我需要积累经验和不断训练的事实。虽然我是个新人，但他对我取得的成绩似乎也很满意。所以，我觉得自己的确夸大了被炒的风险。"

我笑了，为他的改变感到开心，期待着把这件事告诉我的导师。但他再次露出愁容，继续说："你看，这就是真正让我感到焦虑的问题。我一直在为没必要焦虑的事情焦虑！这对健康没有任何好处！万一这些无谓的担忧让我中风了，怎么办？"

我意识到这场咨询并没有取得多少进展，一颗心又沉了下去。

但我真的应该感谢这位咨询者。如果他碰巧也在读这本书的话，我想谢谢他。多亏了他，我才清楚地意识到人与焦虑存在两种关系。一方面，他很严肃地思考了失业的问题，并为之焦虑。另一方面，意识到自己的焦虑不切实际时，他又开始为自己浪费时间焦虑而焦虑！之后的几周，他想到了更多自己被解雇的理由，又开始为此焦虑。这些想法对他而言就像扎在手上的仙人掌刺一样——拔疼，不拔也疼。

这位咨询者和大多数长期焦虑者担心的事情都不会发生。他生活中真正成问题的只有焦虑本身。

焦虑是否如实反映危险

如果你有长期焦虑的问题，这可能是因为你从两个方面把焦虑和危险联系在了一起。

有时，你把焦虑的内容看作重要的危险预警。这个预警让你把"万一我失业了，怎么办"或"万一我得了癌症，怎么办"这样的想法当作关于工作或健康的真实预警，误以为它们预示着现实生活中的麻烦。于是，你要么尽力防范假想出来的危险，要么尽力证明这些想法不切实际，觉得只有这些做法才能改善情绪，停止焦虑。

在这种时候，你会失败。

其他时候，你能意识到这些想法是不合理或不可能发生的，因此不会把焦虑看得太重。相反，你会思考为什么自己会产生这些既不现实又不美好的想法。你可能认为这些想法预示着自己的内心世界出了问题，也可能认为自己根本不该产生这些说明自己失控了的想法，还可能担心这些想法会让你生病。于是，你尝试用不同的方法来缓解或摆脱焦虑。

在这种时候，你也会失败。

你与焦虑的关系分为这两种。我们详细了解一下每种关系是如何发挥作用的。

第一种关系：把焦虑视为重要预警

这种关系指认真对待焦虑的内容，并且：

> ● 找理由反驳焦虑呈现的威胁，安慰自己说担心的坏事并不会发生。
> ● 想几种能够预防坏事发生的办法。要么使用这些方法，要么把它们"记在心里"，以备不时之需。

你如果能证明一件事情不会发生，就不需要采取预防措施。即便逻辑如此，我们还是经常在反驳焦虑想法后思考预防措施。因此，一个担心自己会生病请假的人可能会这样安慰自己："我不会生病，我已经打了流感疫苗，不过请假也没关系，我还有很多病假没用掉。"

我们一起来看看在这种状态下的人会有怎样的反应。

与焦虑辩论

你可能会和自己的想法辩论，就像和其他人辩论一样。这是一种针锋相对的游戏。通常你们的辩论内容是这样的：

> 另一个你：万一我失业了还流落街头，怎么办？
>
> 你：这不可能。公司需要我！
>
> 另一个你：万一呢？

我们可以看出，无论你拿出什么证据或想法来安慰自己，另一个你总有角度反驳你的观点。

> 你：我真的不可能失业，但是万一失业了，我会再找一份工作。我不会有事的。
>
> 另一个你：万一找不到呢？

"万一"句式是长期焦虑的核心，我会在第 6 章详述它是如何发挥作用的，以及我们该如何应对。

你和自己的辩论会无限循环。在与焦虑辩论的时候，和上次回应它相比，这次你是否有新的证据？

很可能并没有。相反，你一直在重复陈旧的观点，每次辩论内容都差不多。同样的想法一遍遍出现，没有任何进展，没有新的观点，也没有解决问题，怪不得会让人厌烦。如果你与焦虑的辩论是个电视节目，你会关掉电视或者换台。但目前的情况是，这台"电视"完全不受你的控制。

如果你在和自己辩论，可以肯定的是，你不会赢。

这场辩论将如何结束？不存在一个明确的句点。它会在你的注意力转移到其他事上后结束。这场无限循环的焦虑会变得越来越无聊，因此到最后你肯定会失去兴趣。

但当你的大脑闲下来时，它多半又会像以前一样出现。

常见无效对策

或许你会更进一步，采取一些小范围内的预防行动，希望可以终结辩论。你如果担心自己会噎住，可能会不断小口喝水，保持喉咙"畅通"或证明这个问题并不存在。你如果担心自己忘记关火炉或咖啡壶，可能会在出门上班前在厨房里流连，反复开关按钮，或者直接拔掉电源。你如果害怕飞机失事，可能会在登机时触摸机身，以"求得好运"。

这些下意识的对策不过是迷信的表现罢了。

其他常见对策包括：

● 哼唱歌曲安慰自己

● 向上帝祈祷（最好是写下来），希望得到明确的安慰

● 想想其他人遇到的问题，告诉自己要学会感恩

● 打响指

● 把焦虑放入"焦虑罐"或类似的地方

● 求助于运气 —— 幸运衫、幸运早餐等

● 数数 —— 一个单词里的字母数、一句话里的单词数、一个队列里的人数、车牌上的数字总和等

通常情况下，你清楚这样的对策不会对现实生活产生任何影响，但还是会这样做。或许你觉得，反正也没有害处。如果偶尔以幽默的心态采取这些方式，而不对它们的力量寄予厚望，那它们就没有害处。然而，如果你进入了一旦不采取这些对策就会感到紧张的状态，觉得自己"必须"这样做，那这些方法可能确实会对你造成伤害。

上网搜索

互联网为焦虑者打开了新的大门。在互联网出现之前，我们需要到图书馆或书店才能查到关于焦虑的信息。现在，输入几个关键词，一点鼠标，任何人都能得到结果。

讽刺的是，搜索的人希望能找到答案，证明"没什么好担心的"。因此，你如果担心咳嗽是癌症的前兆，或者你的车库会被别人遥控打开，可能就会上网搜索信息，希望能证明这些猜测都不会

成真。这个方法或许有用——你可能会在某些网页上找到对你有用的信息。

然而，如果你想消除所有的疑惑，找到确凿的证据证明你没得癌症，你家车库大门也不会突然开启，那你可能要失望了。得到某事当下不可能以后也不会发生的确凿证据，就像解决让你焦虑的问题本身一样，都是不现实的，因为我们本就无法证明某件事不会发生。你拼命寻找证据，仿佛希望找到一个上面放着你的照片、写着你的姓名、留着一条信息告诉你一定不会有事的网站。这个网站并不存在。即使它存在，你也不会在找到它之后就停止。如果真的找到这样的网站，你可能也会想："他们凭什么这么肯定？"

咨询专家

通常，我们在健康出现问题时会咨询专家，但有些其他方面的问题——比如财务、房地产、税务、子女教育、职业规划等——也需要咨询专家。

如果你有问题需要咨询专家——比如向心脏病专家咨询心脏问题或者向理财专家咨询财务问题——通常问一位专家就够了。如果是非常复杂的问题，可能有必要咨询两位。但如果就一个问题咨询了多位专家后，你仍然心存疑虑，不确定是否要采纳他们的建议，即咨询后你产生了更多问题或想象出了更多可能，反而不相信专家提出的建议，这说明你陷入了咨询专家越多，需的专业意见越多，同时你也越来越不安的怪圈。

咨询身边人

除了咨询专家或有专业知识的人外，焦虑者常常会向爱人、亲属、朋友和同事寻求安慰。之所以选择这些人，并不是因为他们有特别的专业知识或了解这方面情况，而是因为问他们很方便，还不需要付钱。

也正是因此，比起专家给出的专业建议，焦虑者更难相信这些"普通人"的安慰。焦虑者与家人或朋友的对话往往会变得和脑内辩论一样——他们试图找出家人朋友安慰话语中的漏洞。他们会想，别人是不是只说他们想听的话，或者只是为了让他们尽快换话题才附和他们。你如果有这种想法，就会不止一次地问他们。你可能反复问一个问题，以不同的方式问，就想看得到的答案是否一致。你从他们口中获得的安慰的"保质期"很短。过不了多久，你就又开始寻求安慰了。

在婚姻、友谊或其他关系中，这种寻求安慰的方式会令被询问者不堪重负。被询问者常常会愈发担心自己根本不知道到底怎么做才是对的——到底是应该继续回答问题，还是应该叫停这种询问，鼓励提问者自己找答案。

逃 避

对待焦虑的另一种方式是逃避。即使意识到自己的担忧既夸张又不切实际，即使逃避会带来不良后果，有人还是会选择逃避自己担忧的问题。这种情况是很常见的。

你可能会逃避与上司的交流，即使这种交流有助于你的职业发展和工作进步。你可能会因为害怕被评头论足而避免参加孩子学校的开放日或街道组织的派对等团体活动，即使这样做可以拓展你的社交圈。你可能会逃避接打电话，逃避年度体检，或因为要求自己事事做到完美却担心不能出色完成任务而逃避工作。你可能会因为害怕惊恐发作而避开特定地点或特定活动。

你如果害怕演讲，可能会拒绝在工作中、在孩子学校或面向社会团体演讲。你如果害怕遇到空难，即使统计数据告诉你飞机是最安全的交通方式，你可能还是会避免坐飞机或者在飞行途中坐立不安，甚至用酒精和镇静剂麻痹自己。高速驾驶、狗、电梯、独自一人、坐在教堂长椅中间 —— 你如果害怕这些事物，很可能会回避这些场合。

当你意识到自己的焦虑来自"不合理"的恐惧时，真正的问题才出现。"我知道这种担心没有任何意义，正因为这样，我才焦虑！"

你如果一直逃避你害怕的对象，即使意识到自己的焦虑是夸张、不切实际的，也没有用。逃避令你焦虑的事物只会让你更害怕它。你的行动比你的想法影响更加深远。

过度依靠认知重建

如果你咨询过认知行为治疗师，或者读过关于认知行为疗法的自助书籍，那你可能尝试过认知重建的方法。应用认知重建方法期间，你需要找出让自己焦虑的错误观念，把它替换成更符合实际的观念，然后期待新的思维方式能减缓你的焦虑。

认知重建方法的支持者找出了一系列错误观念的类型，帮助我们识别并改变它们。这些错误观念包括：

- 以偏概全：相信一时的糟糕意味着一整天都会很糟
- 主观臆断：认为自己知道别人心中的想法，特别是别人对你的看法
- 灾难化：夸大消极事件的可能性，弱化自己应对困难的能力
- 预知未来：认为自己能确定未来会发生什么事
- 非黑即白：思维走极端，忽视中间地带

认知重建的方法能解决很多问题。举个例子，演讲者在看到听众中有人打哈欠或看手表时会感到紧张。这是因为他们认为听众的表现是自己的演讲太无聊导致的。但演讲者如果回顾自己的想法，就会意识到听众这样做可能有其他原因 —— 没睡好，或是需要提前离场去参加另一场会议等 —— 那么他也许就更能理解打哈欠和看手表的听众，也不会认为这样的行为是对演讲内容的否定了。

然而，你如果用这个方法来消除消极想法，想确保你的焦虑不会成真，可能会引起更多麻烦。这个时候，你会进入下一节提到的"第二种关系"。一个成功的演讲家看到有人在她演讲途中打哈欠时，也会像紧张的演讲新手一样有消极的感觉，但她不会在意，只

会把这些想法当作背景噪声，继续演讲。但是，如果演讲者认为自己的消极想法是不该出现的错误观念，试图消除它们，那么她的注意力可能会更多地转移到改善焦虑，而不是呈现演讲内容上。在这种情况下，认知重建方法就像和焦虑辩论一样，会把你带回最初的问题。

你如果想使用认知重建方法，要看使用效果再决定。如果这种方法帮你意识到自己的焦虑是夸张、不切实际的，同时也减轻了焦虑，那么它就起了作用，你可以继续使用它并从中获益。但如果识别和纠正错误观念的努力导致你为消除不确定性而与想法产生了更多纠缠，那么你可能不该在净化想法上费力气，而需要通过一种更轻松、表面上看不干涉想法的方式来利用认知重建方法。（除了认知重建方法，我还会在第 8 章到第 10 章介绍以其他理论为基础的方法。）

现在我们来看一看你与焦虑的第二种关系。

第二种关系：“别想了！”

我们开始为自己有多焦虑感到焦虑时，就会产生这种态度。在第一种关系中，我们非常担心某个潜在问题并想个不停，但现在我们清楚，这些想法是毫无价值的焦虑，没有任何意义。不幸的是，这不会让我们心里好受一些。相反，我们会因为自己竟然焦虑了这么久而感到焦虑，开始想：“既然这些想法没有任何意义，为什么我停不下来？万一焦虑导致心脏病发或者中风怎么办？""万一我做不了现在的工作，被开除了，怎么办？"或者"我为什么这么焦虑？我一定是疯了！"

如果你有这样的想法，说明你已经到了焦虑的另一个阶段。你不再试图否定这些想法。事实上，你很清楚这些想法"不合理"，不值得相信。这很好。但不幸的是，你现在陷入了另一种挣扎——努力"停止焦虑"的挣扎。

当你和焦虑处于第一种关系中的时候，你害怕焦虑真的是麻烦的预兆，于是浪费很多时间去思考、研究、和亲朋好友讨论你所担心的问题，试图说服自己一切安全。现在，你不太担心显而易见的焦虑了。现在你焦虑的是自己焦虑了多久，担心焦虑会对你产生什么影响。你认为焦虑可能会让你再也无法享受生活，让你无法成为一个好家长或好伴侣，让你在工作中效率变低。你认为你的焦虑会被其他人看出来，你的声誉会受到影响，它甚至可能真的害死你。于是，你尝试赶走焦虑。你试图转移注意力，停止思考，回避让你焦虑的话题，做一切能让你停止焦虑的事情。

我们在两种不同的关系中采取的对策大多数是不同的，只有少数重合。下面是你在努力停止焦虑时采用的主要对策。

转移注意力

最常见的对策是转移注意力，让自己停止思考引发焦虑的事情。通常情况下，转移注意力的方式确实能让你不再担忧困扰你的问题，特别是用发生在外界的事情，比如突如其来的电话、家里的急事或吠叫的狗来转移注意力。但是，你不能指望永远用这类难以预测且不可靠的因素来转移注意力。因此，许多人会特意制造转移注意力、停止为不愉快的事情焦虑的机会。我们可能会哼唱自己喜欢的旋律，读一读已经看过的短信，或者给朋友打电话聊聊天。这种方法也很快会带来麻烦，原因有二。

第一个原因是，你在刻意制造机会转移注意力的时候，其实已经意识到自己不想思考某些事了。你告诉自己"想这件事，别去想那件事"，可这样想已经太晚了——你已经开始思考你想回避的问题了。

第二个原因是，转移注意力会强化"我的想法很危险"这一认知。当这种方法起作用时，你实际是在训练大脑养成在焦虑消失后感到如释重负的习惯。因此，如果焦虑没有消失或者卷土重来，你就会感到沮丧。你越是努力驱赶这些想法，大脑就越肯定你的努力，认为这些想法是危险的。事实上，想法一点儿都不危险，行动才危险。想法只可能是令人不愉快的。如果想法是危险的，讣告就要被禁止了，就没有所谓"能把人笑死的笑话"了。你越转移注意力，就越会强化"我的想法很危险"这一观点。

一旦我们努力去"思考积极的事情"，转移注意力的方法就变了味。有积极的想法是好事，但如果你努力让自己的想法变得积极，结果往往适得其反。

停止思考

我们一旦发现自己转移注意力的能力在慢慢变差，通常会在"停止思考"上下功夫。我们希望凭意志力强迫自己别再想某件事，甚至还会在手腕上戴一个写着"停!"的橡皮圈。很遗憾，这种方法成功打入了励志书籍内部，直到现在你还能找到推荐它的图书。在我读过的所有策略中，这个方法在"最糟糕建议榜"上的排名居高不下。

停止思考就像禁书一样，只会激起我们对被禁止话题的兴趣。最终，你想避免的想法会再次出现。除了橡皮圈会在手上留下红痕外，停止思考没有其他作用。

应该使用停止思考这个方法吗？想都别想！

依靠某些物质

通过药物或饮食来控制焦虑也很常见。这类方法的目的不是让你对焦虑的内容进行辩解或反驳，而仅仅是为了阻止焦虑的出现。

酒精和烟草

有人会为了让大脑放松、安静下来而选择酒精或烟草。这些物质也许一开始确实能达到他们希望的效果，但当效果消失，使用者会面对比之前更严重的问题。

如果前一天晚上酒精让你感到放松，第二天醒来时你恐怕就没那么舒服了，甚至会感到更焦虑。这就是宿醉的后果，会构成可怕的依赖链的一部分，让你越来越依赖药物或酒精，而且除了焦虑，还会导致成瘾问题。酗酒和抽烟会让所有问题恶化。

处方药

我对缓解焦虑的处方药一直持怀疑态度。我认为它们带来的麻烦比好处多。处方药强化了你"需要保护自己不受思想侵扰"的观念，通常还会带来不良的副作用。

但是，我也见过尝试其他方法无果，只有服用处方药才有效的焦虑者。你如果要使用处方药缓解非常顽固的焦虑，就要以结果为导向。换句话说，如果吃药之后你的生活变好了，你就可以服用处方药。

安慰性食物

只要食物能给你带来持久的安慰，同时不会增加体重，也不会刺激食欲，你就可以用它们来缓解焦虑，但这当然不可能。在这一点上，情绪性进食和依赖烟酒一样。

避开焦虑的导火索

你如果把焦虑的内容看得很重，可能会在现实生活中刻意避开一些事物。害怕坐飞机的人会远离飞机，害怕狗的人会远离狗，害怕开车的人会避开需要开车的场合。

你如果为自己有多焦虑而焦虑，可能会为了控制或限制自己的想法而避开各类信息来源。你可能会限制自己接触报纸、电视等大众媒体，因为担心某个故事会让自己想到害怕的话题。你可能只看电视上的动画频道，或者只读牙医办公室的儿童绘本杂志（除非你害怕的是看牙）。

同样，你可能希望或期待伴侣、朋友不再提到让你害怕的话题。如果他们做不到的话，你会很不高兴。

和其他控制或限制想法的方法一样，这些方法通常会让人感到更脆弱、更疑神疑鬼，而不是更放松、更有安全感。

寻求他人的支持

我们都自然而然地享受与他人接触和交流。然而，长期焦虑者有时候会对某个人产生依赖，不断寻求其安慰。依赖他人支持与借助酒精来自我治疗具有相同的优缺点。你能以最快的速度得到暂时的放松，但这种方法带来的长期问题远远大于暂时的好处。依赖他人支持的长期问题之一是会损伤自信心，因为你把自己对抗焦虑的成果都归功于支持你的人而不是你自己。同时你还会失去独立性和主动性，因为你开始需要和依赖对方的帮助。

支持你的人其实是被卷入你与焦虑的两种关系中的。如果你处于第一种关系中，即把焦虑的内容看得很重，你可能会反复寻求他人的安慰，想确保你担心的事不会发生。如果你处于第二种关系中，即努力不去想焦虑的内容，你可能会用他人的支持来转移注意力，或仅仅得到"一切都会变好"的敷衍的安慰。

支持你的人有什么特殊能力吗？没有。他们对你的影响来源于他们和你的关系。

依赖物品的安慰

物品提供的安慰和人提供的类似，只是物品不会和你交流而已。携带某个物品来缓解焦虑的习惯是很常见的。有时候，这些物品和焦虑的关系虽然符合逻辑，却具有误导性，比如一个害怕吃饭被噎到的人随身带着水瓶。在其他时候，安慰性物品更像是迷信的护身符。

尽管使用物品来缓解焦虑似乎是无害的，但这种做法也会给你带来一些麻烦。你会开始相信自己没有这些物品就没法好好生活，发现自己在面对焦虑时更无助了，因为你感觉在某种程度上是这些物品保护着你。你如果认为物品在保护你，可能会担心它是否够用。举个例子，如果你认为自己需要水瓶，那么一瓶真的够吗？除此之外，尽管依赖物品安慰能让你很快得到暂时的轻松，但你会注意不到就算离开这些物品你也没有问题的事实了。

我举一个不太新颖的例子。你如果看过迪士尼 1941 年的电影《小飞象》(*Dumbo*)，会发现小飞象的神奇羽毛就属于安慰性物品。小飞象误以为自己会飞是因为这根羽毛，直到丢掉那根羽毛之后，他才发现自己比想象中更强大、更有力量。你可以看一看这部电影。

一些常见的安慰性物品如下：

- 零食
- 心爱之人的照片
- 关于焦虑的书籍
- 手机
- 水瓶
- 护身符，如四叶草或兔子脚
- 佛珠
- 玫瑰念珠
- 药品

药品除了服用之外，也可以成为安慰性物品。很多人常年携带抗抑郁类药物，但从来不吃。只是知道药瓶在衣袋或包里，他们就感到轻松。我接待过一位喜欢水肺潜水的咨询者。他非常担心自己会惊恐发作。只要去潜水，他就会把一片抗抑郁药放在防水盒中，绑在腿上，再穿上潜水服，即使在潜水的时候根本拿不到这片药也没关系。

列出清单

本章中提到的哪些对抗焦虑的方法是你最常用的？这些方法有效吗？你打算放弃其中哪些？

在继续阅读之前，花几分钟时间列一份你使用过的对策的清单。定期回顾，在必要的情况下及时更新。

本章小结

本章中，我介绍了人与焦虑的双重关系。有时，我们担心的是焦虑的内容，试图阻止自己思考或否定这些想法。有时，我们意识到这些想法是夸张、不切实际的，于是开始担心自己是否过于焦虑，并努力改变这种情况。

长远来看，这两种状态都是无效的，都不会赋予你你追求的轻松感，相反，只会让焦虑问题更严重，让你感到自己"被困在"焦虑之中。情况甚至可能更糟糕，让你陷入迷茫，认为"我越努力，情况就越糟"，让你觉得自己无法自助。

幸运的是，一个有效的方法能帮助你摆脱困境。焦虑问题之所以越来越严重，是因为你误选了确实会让情况变糟的方法。发现这个问题后，你就可以把注意力和精力转移到应对焦虑的其他方法上。这些方法能改善你的情况。我将在后文中介绍几种你可以尝试的方法。它们或许会带来意想不到的结果。

THE
WORRY
TRICK

第 4 章

无危险也焦虑

也许你会读这本书，正是因为意识到困扰着你的焦虑是不切实际的、夸张的，你担心的问题其实并不存在——虽然这样说听起来很奇怪，但这可是个好消息。坏消息是，你与焦虑的关系就像公牛与红布的关系一样。虽然红布本身对公牛不具有威胁性，但它会让公牛朝着斗牛士猛冲，从而把自己暴露在剑和矛面前。也就是说，虽然焦虑威胁不到你，但你拼命想摆脱焦虑，在此过程中更容易受到焦虑的干扰。对抗焦虑时，你希望自己是斗牛士，但事实上，你是那头公牛。

读完本章后你会明白，你之所以会有这类焦虑，不是因为你很脆弱或有问题。焦虑是我们的生理结构决定的。了解这一点很重要，因为你如果错误地相信焦虑说明你有问题，就会不断上当，采取让情况变得越来越糟的对策。你会一再踏入焦虑的陷阱。所以，我会告诉你，焦虑是大脑和环境导致的自然结果。明白这一点以后，你就能更好地使用下面几章中介绍的方法去应对焦虑。

待售恐惧

如果你经常在应对焦虑时感到紧张，如果你经常在没有危险的时候感到害怕，这是否意味着你有些不对劲？

简单地说，答案是否定的。在知道自己没有危险的某些情况下，我们也会感到害怕。这是人的一项生理特点。

如果想要证据，你只需要去图书馆、书店看看，或是查一下电影方面的数据。证据是什么？是在西方社会取得商业性成功的恐怖小说和恐怖电影。每一年，在全球娱乐产业的惊悚类别下，都会有数十亿美元在流通。

你或许会思考，为什么有人想获得被惊吓的体验，有人甚至愿意为之花大价钱。这是个好问题，但我发现这并不是惊悚娱乐产业中最有趣的地方。最有意思的是，恐怖小说和恐怖电影是有用的。读恐怖故事或看恐怖电影的时候，我们就算知道这些都是虚构的，也会感到货真价实的恐惧。或许你不爱看恐怖电影，你当然也不必强迫自己去看，但我想说的是，恐怖电影对很多人是有意义的。我希望这种现象能让你意识到人性中某些有趣的因素。

这只是一部电影，但你还是会害怕

看恐怖电影的人都有"这只是一部电影"的概念。但真假并不重要，观众还是会感到害怕。就算知道自己处境安全，依然会感到害怕是人类的特点之一。不然，恐怖小说作家斯蒂芬·金（Stephen King）就会转行给《好管家》之类的杂志写稿了。在责备自己因为夸张、不切实际的焦虑而害怕前，你需要考虑一下这个重要的

第 4 章 无危险也焦虑 | 073

事实。

如果你看了一部非常吓人的电影，并因此感到害怕，你或许会告诉自己"这只是一部电影"，但这样的自我安慰往往不会消除恐惧。如果你非常担心某件事，好朋友安慰你说"不要焦虑"，这通常也是无效的。

这些做法不起作用的原因之一是，我们无法直接控制自己的想法。我们能把注意力集中在某个具体问题，比如待解决的数学题或字谜上，但无法强迫大脑只产生我们想要的想法，不产生我们不想要的想法。谁都做不到这一点。

我们焦虑问题的根源不仅在于我们无法控制自己的思想，还在于我们常常忘记或根本不清楚这一点，反而认为自己应该控制自己的思想。于是，我们会与自己的想法陷入缠斗，但这样做既无意义，也不会让我们如愿。

焦虑的生物学基础

或许你明白了我提恐怖电影的原因，但还是会自责。有时候，咨询者会告诉我，他们可以理解看恐怖电影的时候害怕，可他们不看的时候也会害怕，这就是他们自责的原因。

在现实生活中，他们没有去电影院，但仍然能看到恐怖电影。他们是在脑海里，在内心世界，在每个人发挥想象力的地方看到这些"电影"的。这是一场只对一个人开放的私人演出。这是一场独角戏，是内心独白，上演的是各种"说不定会发生"的不切实际的灾难。

为什么这部电影会在你的脑海中播放？要搞清楚这个问题，我们需要思考焦虑的目的。

焦虑的目的是什么

你认为焦虑有什么好处？我们为什么会变得焦虑？

如果你发现了提示潜在危险的警报，那你就离焦虑不远了。焦虑是为在潜在问题发展成全面危机前发现它们、找到解决方案、让你更安全地生活而存在的。我们需要这样的能力。人类超越其他物种的一点或许是，我们的大脑能预想到不同的情况并设想对策。我们捕猎的祖先就是凭借这一点成功让大型猛犸象落入陷阱，给整个部落提供食物的。多亏了这种能力，即使这个世界上还存在体型更庞大、力量更强、速度更快、牙齿和爪子都更大的肉食动物，人类还是站上了地球食物链的顶端。

预言的错误类型

然而，想象未来情况的能力并不完美，也不可能完美。不到未来那一刻，我们无法知晓未来会发生什么。我们对未来的想象会受到错误的影响。可能的错误类型有两种。

第一种是"误报"，指相信一件当下并未发生的事情发生了。如果一个山顶洞人认为自己听到的声音是剑齿虎在附近徘徊时发出的，因此整天缩在洞穴里害怕地发抖，但实际上洞外的不过是几只可以喂饱整个部落的兔子，这种情况就是误报。这个人不会因为误报被吃掉，但会不敢外出去捕猎生存所需的食物，也就无法发现附近有一个部落正准备发动袭击。

第二种是"漏报"，指相信一件当下已经发生的事情没有发生。如果一个山顶洞人走出山洞，自信地认为附近没有剑齿虎，而实际上正有一头剑齿虎静悄悄地、耐心地躲在岩石后面，这种情况就是漏报。这个人会因此丧命。

没有人的大脑是完美的，因此你的大脑肯定存在某种错误。如果是这样，你会选择哪种呢？幻想一头不存在的剑齿虎，还是忽视一头真实存在的剑齿虎？通常情况下，大脑偏爱第一种而非第二种，于是长期焦虑就产生了。这就意味着你可能永远不会被剑齿虎吃掉，但可能长时间躲在黑暗、荒凉的洞穴里，时刻担心着并不存在的剑齿虎。与此同时，附近的部落偷走了你的粮食，还美美地吃着烤兔子。

拥有偏爱第一种错误的大脑或许是人类存活至今的原因。和人类的其他特质，比如身高一样，这种倾向在人群中的分布并不是均匀的。有人的这种倾向特别强烈，有人的则比较轻微。这两种人同时存在才有利于部落发展 —— 激进的战士胆子很大，勇于外出打猎，能带回一头乳齿象做午餐；谨小慎微的部落成员胆子很小，但寿命长到足以养育下一代，用自己种植的粮食喂饱他们。

因此，至少对人类来说，焦虑有一定的好处。这就是我们容易焦虑的原因。受遗传基因的影响，有的人更容易焦虑。你如果有长期焦虑的问题，很可能是因为你的某位长辈也有这个问题。

但是，你可能会想，这些难道不都是后天习得的吗？难道不是我把自己变成了一个爱自寻烦恼的人吗？这难道不是我的错吗？

焦虑不是你的错

答案都是否定的。或许你认为我们每个人生来都是一块"白板"，所有的个性和品质都是后天习得的，但事实并非如此。你去医院的产房看看新生儿就会发现，当自豪的亲戚们去产房看孩子时，不同的婴儿会对光线和噪声产生不同的反应。有的婴儿会直视灯光和噪声的来源，一副很感兴趣的样子。有的婴儿会哭哭啼啼，表现得烦躁不安。还有的婴儿没什么反应。这些婴儿虽然刚刚出生，对危险的认识和理解却是截然不同的。

你作为一个成年人，如果有长期焦虑的问题，很可能在小时候就已经出现这种苗头了，只不过以前还没有成为问题。你可以停下来思考一下，在婴幼儿和童年时期，自己是否有过度焦虑的苗头？你的父母和哥哥姐姐是否给你讲过一些相关的轶事？通常来说，这种特质可以追溯到很久以前，甚至在我们还没意识到它究竟是什么的时候。

大脑的进化并不是为了让人类完成平衡银行账户收支、研究量子物理或阅读小说的任务，而是为了让人类通过提防危险、解决问题来实现物种延续。对危险更敏锐的大脑即使会把看到的一头剑齿虎当成十头，也是有优势的。这样的人更容易生存和繁衍。

如今，我们的大脑依然具备相同的基本功能——提防危险、解决问题——但我们所处的环境却发生了巨变。我们不再需要像过去那样面对剑齿虎、山体滑坡和沼泽，但大脑依然在提防坏事发生。无论这些坏事离现实有多遥远、发生概率有多小，大脑都试图找到解决问题的方法。

和祖先相比，我们也会花费更多时间思考问题。在现代文明中，我们会花费大量时间处理来自书本、网络、电影等媒介的信息，而我们的祖先不需要花那么多时间处理信息，更专注于解决现实中存在的问题。我们非常习惯思考问题，常把脑内的东西当作现实，因此错误地把内心世界的想法当成了生活中的事实。两者完全不同。脑内的东西只是关于现实生活的想法而已。

再者，大脑里没有"关闭"按钮。无论你是否愿意，这些想法都会出现。和其他帮助我们生存的重要功能一样，思考也是不受控制的。因此，你在想象中看了许多恐怖电影。如果你的思想完全受你控制、由你选择，你也就不会在大脑中想象恐怖画面了。

虽然焦虑看起来像是敌人，但它并不是。你如果有长期焦虑的问题，就会遇到很多麻烦，会感到不快乐。而当你找到看待焦虑的更好的方式时，情况就会好转。长期焦虑并不是想要毁掉你生活的卑鄙敌人，也不是大脑结构或性格中的可耻缺陷。长期焦虑更像是一种曾经很有用的能力。虽然我们对它的需求已经减少，但它的规模和影响力依然很大，因此显得不成比例。长期焦虑与普通焦虑的比例就像 3 千克巧克力和 30 克巧克力一样 —— 前者会让人感到恶心，后者却是对食谱的不错补充。

如果你长期陷于焦虑，这说明存在着一种不解决就忽略的问题。但是不要上当，别把焦虑当成你的错误或敌人。

大脑比你想象中复杂

我们会因为无法"劝说自己"停止焦虑而感到沮丧。有人会说："我知道不该焦虑，但没用。"他们认为无法摆脱焦虑是因为自己有问题。然而，真正的原因是，当你感到害怕时，是大脑的另一部分在起作用。

大多数人概念中的大脑指的其实是前额皮质（prefrontal cortex）。这是产生有意识思维的地方，也是掌控语言和逻辑的部位。但大脑不仅有前额皮质，还有很多功能不同的结构，其中之一是杏仁核（amygdala）。它功能庞杂，但主要的一项是调节对恐惧的"战斗—逃跑反应"。

认识杏仁核

对杏仁核的认识能帮你理解人类为什么会受到长期焦虑的困扰。

杏仁核负责"战斗—逃跑反应"，因为它能比前额皮质更快做出反应。杏仁核与眼耳直接相连，是大脑中最先获取外界信息的部位。外界信息的快速涌入能让杏仁核迅速回答"我的处境是否安全"这个问题。

杏仁核不使用语言，而通过联系来学习和记忆。因此，如果你第一次惊恐发作时是在一家意大利餐厅，可能之后你一见到方格桌布或闻到意大利面酱的味道就会焦虑不安，却不知道到底为什么会这样。这就是杏仁核在发挥作用——它在用已知的最佳方法确保你的安全。

看到前菜和蒜蓉面包时，前额皮质会判断出不存在危险，这些只是食物而已。看恐怖片的时候，前额皮质也能观察到并没有真的怪物，这只是一部关于怪物的电影而已。既然如此，为什么前额皮质不能让杏仁核冷静下来呢？这是因为杏仁核和前额皮质之间的神经通信是单向的。杏仁核能向前额皮质发送信号，但是前额皮质无法向杏仁核发送信号。

单向通信是件好事，因为杏仁核要负责在危险情况下做出快速反应。过马路的时候，如果一辆闯红灯的公交车朝你开来，杏仁核就会掌控大局。在你的意识尚未理解遇到的问题也没有想出解决方案的时候，你已经拔腿逃跑了。无论公交车开来的时候你心里在想什么，它都已经烟消云散，因为前额皮质已经被彻底禁言。你不需要细想失控的公交车，你只需要做出快速反应。在危急时刻，我们没有时间让前额皮质深思熟虑了。相较杏仁核，前额皮质像是由老人组成的理事会，坐在一起追忆和争辩，用多余的语言详细描述自己曾经对公交车有何体验。但在危机面前，他们的反应太慢了。

这就是为什么你无法通过告诉自己"焦虑不合理"的方式让自己冷静下来。杏仁核可听不到。杏仁核忙着观察问题的苗头并做出反应，没时间听前额皮质的抱怨。它忙着用它已知的唯一方法保护你——通过让你感到焦虑而逼你行动。

或许你在思考，想跟你的杏仁核沟通一下。这是不可能实现的。杏仁核使用的不是语言。那么，你该如何重新训练杏仁核，好让它在你并没有身处危险时不去按下惊恐的按钮？

关于杏仁核，你还需要知道的是，它在被激活后，只会"学习"或创造新的记忆。激活指的是什么？就是你感到害怕的状态。当你像平常一样按部就班地工作时，杏仁核就在一旁待命，不会制造新的记忆。而杏仁核一旦发现危险的苗头，就会激活交感神经系统（sympathetic nervous system），唤起"战斗—逃跑反应"，之后它就会开始记忆。

当你的想法让你感到害怕或沮丧时，就到了重新训练杏仁核和改变与长期焦虑关系的时机。如果你怕狗，重新训练杏仁核的方法就是多接触狗，让自己感到害怕，一直接触到不再害怕为止。这样一来，杏仁核就会对狗产生新的看法。你与狗接触的时间足够长以后，害怕的反应就会慢慢消失。你不能"告诉"杏仁核狗不可怕，但是你能创造机会让它发现狗并不可怕。

你如果有长期焦虑的问题，可以把让你焦虑的想法看成狗。你可以用怕狗的人克服恐惧的方法来应对焦虑，即与想法和解，而不是与其对抗。

"撑过去"不是办法

看恐怖电影时，我们如果发现自己比想象中害怕，往往会采用各种办法"撑过去"。我们可以离开电影院，有的人这样做了，但大多数人会选择留下来，通常是因为和他们一起来的朋友想留下来。于是，他们继续留在电影院，用一些方法控制自己的恐惧情绪。

他们可能通过重新系鞋带或查看短信来转移注意力，也可能尝试认知重建方法，提醒自己"这只是一部电影而已"，尽管他们早就明白这一点了。他们可能堵住耳朵或闭上眼睛，试图避开恐怖的内容。他们也可能紧紧抓住旁边的人。（如果旁边的人是他们的朋友，那这个方法会很有效。）

我们强撑着看完恐怖电影的方法和应对长期焦虑的方法类似。第 3 章提过的安全行为——包括转移注意力、改变或纠正想法、减少对导火索或相关信息的接触——都和应对恐怖电影的方法类似。重要的是，要明白这些方法并没有减轻焦虑，而是把焦虑锁定在特定的位置，因为这些方法需要不断重复和调控，就像用手指去堵住一个漏洞一样。这些方法会导致你陷入不安的僵局，就像两个势均力敌的对手拔河一样。这些下意识采取的对策虽然会让你继续留在电影院，但可能不会让你不再害怕电影本身。之后再看这部电影，你会预料到它非常恐怖，因此会使用与第一次时相同的逃避方法（闭眼、转移注意力等）。你也可能不打算再看这部电影，那这就不是问题了。

然而，如果你用同样的方法应对焦虑的想法，就会出大问题了。虽然你可能不会再看恐怖电影，但你还是会不断产生焦虑想法，因为焦虑已经成了你生活中自然发生的事。你如果用应对恐怖电影这种一次性问题的方法来解决焦虑，就会把纠结困在心里，不给它释放的机会。也就是说，你没有改变看待焦虑的方式，而是花费了更多精力挣扎。这只会继续让你保持看待焦虑的糟糕方式，而不会给你的生活带来任何改变。

焦虑的表现只能说明你在紧张

焦虑的表现方式有很多。举个例子，有人焦虑时会出现生理反应，包括心跳加速、肌肉紧张、呼吸困难、肠胃不适、出汗、发抖等明显症状。

有人的焦虑则表现在行为上。焦虑的行为表现包括啃指甲、扯头发等强迫性行为（compulsive behavior）。还有些表现是各种逃避行为，比如因为害怕排长队而只在人少时去超市或只去小店购买日常用品，即使要花费两倍时间也选择开车走小路而非高速公路，长途旅行时因为害怕坐飞机而选择坐车，因为害怕社交而选择在工位上吃饭而不去餐厅。脚点地、抖腿、坐立不安、在椅子上动来动去……所有这些不安且没有明确目的的动作都是焦虑的行为表现。

焦虑也会表现在想法上。

所有这些不同的表现都有一个共同的主题：我很紧张。随着时间推移，我们发现了这些焦虑症状的含义。最初感到肠胃不适的时候，我们会以为这是生病或者要呕吐的表现。然而，当症状反复出现，我们就会慢慢明白，这是紧张而非生病导致的。

我们可能会被惊恐发作的生理表现欺骗很久。经历过惊恐发作的人会在很长一段时间里持续相信，惊恐发作的生理表现预示着死亡或失控。这种现象十分普遍。然而，随着对惊恐障碍的研究取得进步，我们开始意识到这些症状并不是死亡或失控的预警，而仅仅代表我们感到紧张罢了。

想法如何欺骗了你

想法比生理感觉和行为更难以捉摸。一旦后两者成为焦虑的标志，我们自然掌握了精准分析这些症状的方法。如果你在会议上看到一个人在不停抖腿，你会觉得这个人此刻非常想踢足球或是踢你吗？如果你看到有人在啃指甲，你会觉得这个人是饿到不顾尊严去吃指甲吗？你或许不会这么想。你可能会意识到这些症状需要分析。把症状的表象当成它的全部意义就过于简单了。

然而，想法（特别是我们自己的）很容易让人上当，让人把它表面的内容当成它的实际含义。其实你没有必要去认真解读想法。如果我焦虑的大脑在思考"万一我得了癌症，怎么办"，我的过度反应意味着我把关于癌症的想法当成了真患病的征兆，而事实上这个想法只是一种紧张的表现，恰好集中在癌症这个概念上。同样，心跳加速是恰好通过心率表现的紧张，啃指甲是恰好通过牙去咬指甲表现的紧张。

最终，长期焦虑想法的真实含义通常与其表面的内容和主题没什么关系。在第 6 章分解焦虑想法句式的时候，我会重提这个话题。焦虑想法的真实含义和经历惊恐发作时心跳加速的含义、准备演讲时出汗和口干的含义、无聊地等待会议开始或飞机起飞时抖腿的含义相同。

这些想法和动作的含义是什么？直白而又简单——"我很紧张"。

然而，因为这些症状是通过文字或图像表达出来的，我们会区别对待它们和其他症状。我们对想法也有想法。我们对想法的某些想法——它们是什么意思？我们该如何应对？——会对我们形成阻碍。

解决长期焦虑问题需要我们找到应对焦虑的新方法，而不是一味尝试停止焦虑。

假设你不想只"撑过"一部你已经知道很可怕的恐怖电影，而想不再害怕看这部电影。我不知道你为什么有这种目标，但如果你确实有志于此，你该怎么做才能不再被这部电影吓到？

我们惯用的"撑过去"的方法不会成为正确答案的一部分。这些方法会把恐惧情绪留在心里，让你继续感到恐惧。看恐怖电影时这样做没问题，因为它只是你生命中微不足道的一件事，结束后你就可以把它抛到脑后。然而，焦虑占据了生活的主要部分，"撑过去"可不是对策，只会给你带来麻烦。

我想到的一个让恐怖电影不再恐怖，而是变得乏味的最可靠的方法就是反复观看它。你可以租借 DVD（或通过当下流行的任何媒介）反复观看这部电影 —— 不要跳过恐怖的情节，不要关闭可怕的音效，而要让自己一遍遍沉浸其中。

做这件事需要强大的动机，因为前几次观看时你会非常不适和恐惧。只要看的次数够多，你一定会慢慢不再害怕，你相信吗？

毕竟，连恐怖电影爱好者在反复观看一部片后都会对它失去兴趣。当有新的恐怖电影上映时，恐怖电影爱好者"最喜欢的"片单会更新。在多次观看喜欢的新片后，他再也无法从中获得恐惧的"快乐"了。反复观看会让一部刺激的新片变得无聊。这就是我们应对长期焦虑的办法：让它变得无聊，从而让人对它麻木。

该如何开始呢？接下来的两章将给出答案。

本章小结

很多人会把自己关于不可能发生的事件和夸大化结果的长期焦虑看作自身存在问题的迹象。于是他们埋怨自己，感到羞愧，仿佛糟糕的缺陷是自己造成的一样。他们不断与焦虑斗争，非但没有摆脱焦虑，反而让它更顽固了。我希望在读完本章后，你能明白焦虑是生活中自然存在的，是让人类生存和发展的能力带来的副作用，长期焦虑是试图抑制不能也不需要被抑制的事情的结果。你对长期焦虑的接受度越高，你需要做的就越简单。

有没有什么好方法？我将在下一章中介绍。

THE
WORRY
TRICK

第 5 章

汽油灭火和反向法则

"我越努力，情况就越糟。"

如果咨询者每和我说一次这句话我就能拿到五分钱，那我可需要很多牛皮纸来包硬币了。你有过这样的想法吗？这句话是否描述出了你对抗长期焦虑的历史？

太令人失望了！你努力想要摆脱多余、无用的焦虑，却没有取得任何持久的成效。你越努力，事情似乎就越糟糕，而不是越好。

事实上，你如果一直使用第 3 章中提到的方法，就会让事情变得越来越糟糕。"你就算尽了最大的努力，还是会受到长期焦虑的折磨"这种说法是错误的。应该说，你正是因为尽了最大的努力，才一直受到长期焦虑的折磨。多么强烈的讽刺啊！你为阻止焦虑做出的努力成了让你持续焦虑的主要原因。

该怪你还是方法

焦虑会让你认为自己有问题，于是为了焦虑责备自己。或许你认为自己将永远受到这个问题的困扰，感觉自己和其他所有看起来生活中没有任何焦虑的"正常人"不一样。

在责备和羞耻背后藏着一个值得深思的事实。如果你尝试做某件事，却发现自己越努力结果就越糟糕，你就该认真思考你用的方法了。可能正是你用的方法导致了糟糕的结果。方法有缺陷的可能性比你自己有问题的可能性大。你被骗了，使用了不仅不能带来理想中的结果，还会让你离目标越来越远的方法。

"汽油救火"这个比喻就是用来形容长期焦虑这类问题的。想象这样的场景：有一个人发现邻居家着火了，于是急忙抓起离自己最近的液体去灭火。不幸的是，这个院子里的几百桶液体都是汽油。更糟糕的是，他很着急，以为桶里是水。他把汽油泼到火上，导致火苗越来越高，火越烧越旺。火势越来越大，他还疯狂地往火上浇更多汽油。他越努力，火就越大。

这个比喻的确存在问题。谁会闻不出汽油的味道？谁会把汽油桶放在房子周围？但如果忽视这些小瑕疵，这个故事可以帮我们考虑长期焦虑的问题。

假设那位爱好收集汽油的邻居回到家，大喊一声："嘿！这样灭火是没用的！你用的可是汽油！"

你会怎么做？你如果突然发现自己一直在用汽油灭火，可能根本不知道下一步该做什么了。你为自己犯的错误感到失望和沮丧，担心房子着火的邻居要如何怪罪你，后悔自己不该插手这件事。一方面，你不知道该怎么做，但另一方面，目前最该做什么是显而易见的。

放下汽油桶！不要再火上浇油了！

做任何事都比继续用汽油灭火强。站在那儿什么都不做也比用汽油灭火强。不要尝试把汽油泼得更快或更远，偏左或偏右。放下汽油桶！

这个故事告诉我们应该如何应对长期焦虑呢？它告诉我们，陷入长期焦虑时，我们的本能反应是思考如何解决问题，但最后却让问题变得更加严重。你自认为找到了应对焦虑的方法 —— 第 3 章中罗列出的某些对策 —— 可是不用这些方法可能更好。这些方法就是你找到的汽油桶。

反直觉问题

这种情况怎么可能发生？我们怎么会错得这么离谱？努力想改善情况，情况却越来越糟？

这种好心办坏事的情况真的一点儿也不少见。焦虑是一种特殊的反直觉问题。在这个问题中，遵从直觉反应来自救可能会让问题变糟糕。当你试图用发自直觉的方法解决反直觉的问题时，事情往往会变糟。

我儿子两岁时，会对所有事情说"不"。这对我来说是一个反直觉的问题。有时候我会忘记这个事实：他是在学习独立，学习使用一个强有力的词，因为这对他来说是有趣的、令人激动的。有时我会靠近他，表现出想用成年人的智慧纠正他、帮他意识到他的方法错误的样子。于是我们会因此开始争吵。我们越吵，他就会越高兴地说"不"。他最喜欢说的是"我就不"。（现在他 20 岁了，我们偶尔还会进行这项活动，以纪念过去的时光。）

我如果试图用发自直觉的方法解决反直觉的问题，可能就会失败。想解决反直觉的问题，我需要用反直觉的方法。我需要以火攻火。

这个方法听起来很奇怪，但实际并不奇怪。日常生活中有很多例子能证明这一点。我小时候就知道，我的狗挣脱绳子之后，如果我去追它，它就会逃跑。它有四条腿，我只有两条，所以结果自然对我不利。但如果我反过来做逃跑的那个，它就会来追我，于是，在它追上我的时候，我就能抓住它的项圈。这就是反直觉的策略。

当你在大海中费力前进时，一个巨大的海浪朝你打来，该怎么办？如果你转身朝海岸方向游去，海浪可能会拍在你肩膀上，把你打翻，让你吃一嘴咸水和沙子。但你如果转身潜入海浪底部，就不会被浪头拍到。这就是反直觉的策略。

当你在结冰的路上开车，突然开始朝着一根电线杆打滑，该怎么办？你如果试图打方向盘避开电线杆，可能很快就要给保险公司打电话了。然而，如果你顺着打滑的方向朝电线杆开过去（第一个想出这个方法的勇士是谁？），你反而能摆脱困境。这就是反直觉的策略。

还有很多这样反直觉的问题。士兵接受的训练告诉他们，在遇到埋伏时要朝着敌人的方向奔跑，而不是反方向逃跑。为什么？因为敌人希望他们逃跑，并预料到了接下来要射击的位置（我希望他们的敌人没有读过这段）。如果困在流沙里，该怎么办？好的，你懂我的意思了。这就是反直觉的策略。

解决反直觉问题的困难在于，当你努力解决问题的尝试失败以后，你的直觉会让你"加倍努力"，你的行为会导致事态恶化。当你的解决方法没有得到回应时，你会感觉自己受到了侮辱。这往往会让人对自己感到挫败、沮丧，还会让事情进一步恶化。

对想法的态度

上述例子体现的都是现实生活中的反直觉问题，而我们的内心世界出现的反直觉问题更加棘手。一些未经审视的关于想法的假设对我们的反应产生了负面影响。

我们的大脑与电脑不同，无法直接产生结果。电脑能给出问题的答案，可能是帮你计算出结果，或者将你手写的材料数字化，但对产出的内容不会形成观点。你"问"电脑一个问题，就会得到一个答案。

大脑却不是这样的。我们有想法，包括焦虑的想法。我们还有态度，有信仰，有对想法的想法。我们在第 3 章中简单分析过一个观点：想法可能是危险的。我们再来看看这个观点。

想法危险吗？让我们做一个实验来感受一下。现在花一分钟想象一下，这本书在你手里着火了。要想象出每个细节。想象火苗把书页烧卷，想象白色的纸变成了灰色的灰，想象纸烧着的味道，想象旋转着升上天花板的烟雾。烟雾警报器随时都会发出刺耳的鸣叫。然而，你就在这里，依然握着这本并没有着火的书，读着书里的文字。

很显然，想法并不危险。行为才危险。

你为什么控制不了自己的思想

关于想法，很多人持有的一个重要态度是，自己"应该"控制自己的想法。他们认为自己应该做到只产生自己想要的想法，不产生自己不想要的。你也这么想吗？

持有这种观点的人一旦控制不了想法，就会有被冒犯的感觉，从而怒火中烧。他们一遍遍检视反驳自己焦虑内容的证据，告诉自己担心的事情并不是会发生。他们告诉自己"没什么可焦虑的"，之后继续做自己的事情。但他们迟早会发现，同样的焦虑想法又出现了。他们甚至可能一直在监控这些想法。于是他们再次对自己感到愤怒，思考为什么自己总有这些愚蠢的想法，像斥责又不收拾脏盘子的青少年一样自责。

事实是，我们无法精准控制自己的想法。我们永远有需要担心的事情，因为我们会对任何想象中的情况感到焦虑，而并不只会担心已经到来的危险。

试着做这个实验：花 20 秒时间想象一头大象，然后停止想象。

不要再想大象了。花 1 分钟时间忘掉它。不要去想长鼻子、响亮的叫声、象牙、大象吃花生和被老鼠吓跑的样子。

结果如何？结果很可能是，这 1 分钟里你一直在思考大象。对大多数人来说，结果就像大象迈着沉重的步伐穿过丛林的大象一样不可忽视。如果你觉得在 1 分钟内自己脑海中没出现大象，那么你就要问自己一个问题了：你是怎么知道自己没想大象的呢？想要避免所有关于大象的想法，你只能先意识到关于大象的想法是什么，然后观察自己是否在尝试不想大象的时候想到了大象！你的整个大脑都在思考大象！

无论何时，你如果尝试停止思考某事，反而会更容易思考这件事。关于抑制思考（thought suppression）的心理学研究清楚地证明，抑制思考反而会再次唤醒想要遗忘的想法。

人的情绪也是如此。我们无法控制自己的想法或情绪——也控制不了自己的生理感受。越控制，就越容易产生不想要的想法和感受。

当朋友出于好意想帮助你，对你说"不要想了"或"冷静点儿"时，你能清楚地意识到，自己无法直接控制想法和情绪。你清楚这个建议的问题所在，因此感到烦闷。你甚至会因为朋友理解不了这一点而生气。然而，你可能会继续使用这个方法，而且意识不到自己一直在使用不起任何作用的同一个方法。再次失败后，你又会感到失望。如果朋友敦促你"冷静下来"的方法不起作用，那你自己敦促自己冷静或许也不会有用。

我们能真正控制的是什么

我们常常认为想法和感受是衡量控制力的标准。我们认为，如果自己产生了奇怪的、不合逻辑的想法或非常糟糕的、夸张的情绪，自己就"失控了"。我们厌恶这样的想法，于是试图控制自己的想法和感受。这就像想在冰上抓住一头涂满油的猪一样。你越努力控制自己的想法和感受，就越会觉得自己失控。

我们能控制的只有我们的行为，而非想法和感受。这就是法律会在行为前加上"预期"和"限制"等定语的原因。社会希望我们控制自己的行为——开车的方式、对待他人的态度、排队的礼仪，等等。法律和社会规范关注的不是我们的想法和感受，因为没有人能控制这些。所有人能控制的只有自己的行为。

然而，认为自己可以或应该控制想法和感受的观念也是人类的特质之一。当然，我们也有想要控制想法和感受的时候。对于焦虑，我们的本能反应是"停止思考让我们焦虑的事"，但结果却适得其反，因为焦虑是一个反直觉问题。想解决这个反直觉问题，最好找到一个反直觉的方法。

思考是大脑的本职工作

大脑是一个器官。和胃、肾、肝等器官一样，大脑也有自己的任务。胃负责消化食物。肾脏负责清理血液中的垃圾、产生尿液。而大脑的功能之一是识别问题并提供解决方法。事实上，大脑做的多数工作——保持身体平衡、调控其他器官和腺体、监测突发情况等——都是在我们的潜意识层面上进行的。会上升到意识层面的大脑活动——思考、计算、说话——实际上只是大脑活动中很小的一部分，发生在前额皮质。

古语有云："大脑是完美的仆人，却是糟糕的主人。"大脑是一件有用的工具，让我们能关注并思考特定的事情，能设计桥梁、让火箭降落在小行星上和计算应纳税额。然而，大脑如果闲下来，没有足够多的任务可以执行，很可能会自行产生想法，从而引起麻烦。

如果太长时间没有吃饭，胃在空腹的情况下也会开始消化，你就会感到肠胃不适，听到胃部发出让人尴尬的咕咕声。即使没有食物，胃也在努力完成它的工作。大脑亦然。如果没有问题需要大脑解决，它就会自己制造问题并试图解决。

长期焦虑便是大脑在制造并解决问题的表现。而你就像计算应纳税额一样在严肃地对待这些想法。

或许你已经发现，你在不忙的时候会感到更焦虑，而在非常忙碌、有许多问题要解决的时候反而不怎么焦虑了。或许你尝试过用"保持忙碌"的方法来减少焦虑。原因就在于此。焦虑是一种专属"闲暇时间"的活动。因为焦虑没那么重要，所以它会根据你闲暇时间的增减来增减，以填满它。大脑就像一只无聊的小狗，因为没有其他事情可以做，就去咬毯子。

我们可以把小狗训练好，让它不再咬任何家具，尤其是当我们给它别的东西去咬的时候。然而，我们无法训练大脑不去思考问题（因为这是大脑的主要任务之一），就像我们无法训练肠胃不在饥饿的时候咕咕叫一样。

我们需要改变的是自己看待焦虑的态度。比起对抗焦虑，学习如何接受和应对焦虑是更好的方法。如果我们能意识到焦虑和眼皮抽搐或手心冒汗一样都只是紧张的表现，而不是关于未来的重要信息时，情况也会有所好转。

生活的规则

我经常在研讨会上向专业治疗师介绍焦虑症的治疗方法。通常，我会从讲述一则在接纳与承诺疗法（acceptance and commitment therapy）中很常见，但加入更多细节和情节的"测谎仪寓言"开始。在打招呼或自我介绍前，我会先给与会者讲这个故事。

> 一个男人走进我的办公室。第一眼看到他，我就知道他是一个言出必行的人，是一个绝对说到做到的人。这个男人走进来，手里拿着一把枪，对我说："戴维，我命令你现在把办公室里的所有家具都搬到候诊室里……否则我会开枪打你。"
>
> 那么（演讲时我会问听众，现在我要问读者），作为人类

行为的专业研究者，你来预测一下会出现什么结果？

（听众中有人会说）"你会搬家具！"

没错，我搬了家具。我能做到这点。我按指示搬了家具，活了下来。

一个礼拜过去了，这个男人又回来了——还是他，还拿着那把枪。他说："戴维，我现在命令你唱国歌。唱一段就可以。唱国歌，否则我会开枪打你。"

那么，你来预测一下会出现什么结果？

我唱了国歌。我能做到这点。我活了下来。

又过了一周，这个男人再次出现，这次带来了一个帮手。这个帮手推着一辆满是电子设备的手推车走进我的办公室。他说："戴维，这位是我的同事，他带着测谎仪。这是世界上最好的测试人类情绪的电子设备，几乎没有失败过。我会让我同事给你连上测谎仪。之后我希望你能做到全程放松，否则我会开枪打你。"

你来预测一下会出现什么结果？

这次我肯定会被打死了。

我想通过这个故事告诉大家，这就是四千万患有长期焦虑症的美国人的处境。每天醒来，他们都害怕自己会焦虑，于是努力消除焦虑情绪，却也因此更加焦虑了。他们摆脱焦虑的努力最终使他们陷入了更深的焦虑之中。如果他们想解决焦虑问题，治疗师需要帮他们意识到这个问题，教他们学会用其他方式解决它。

如果你有长期焦虑，你也可以用这个方法来解决它。

为什么我可以搬家具，可以唱歌，却做不到放松？

从接纳和承诺疗法的角度来看，答案就在两个掌控着我们生活的重要的"经验法则"之中。接纳和承诺疗法这种形式或多或少脱胎于认知行为疗法，但和传统的认知行为疗法又有些许不同，特别是在努力控制想法、情绪和生理感受方面。

一条经验法则掌控着我们与现实世界（即我们所处的真实环境）之间的关系。现实生活中的经验法则是这样的：你越尝试、越努力，获得成功的可能性就越大。虽然没有百分百的把握，但只要尽了最大的努力，你就有可能提高成功的概率。这条经验法则决定了我们与现实世界之间发生作用的方式。

但这不是我们赖以生存的唯一法则。第二条经验法则与充满想法、情绪和生理感受的内心世界有关。在这里，规则完全不同。这里的规则是这样的：你越是抗拒自己的想法、情绪和生理感受，它们就越多。

控制充满想法、情绪和生理感受的内心世界的法则与控制现实生活的法则完全不同。你如果不了解控制内心世界的法则，并尝试用和控制现实生活一样的方法来控制自己的想法、情绪和生理感受，那就一定会出问题。你的解决方法注定会失败，每次都会让你感到痛苦和沮丧。

如果你有长期焦虑的问题，并一直无法得到想要的宁静，那么你可能需要更加了解控制内心世界的法则。

我们的本能反应通常会促使我们用同样的方法对待每件事，也就是抗拒自己不想要的一切。现在，为了免受这种直觉影响，我们一起来考虑一个经过变通的方法：反向法则。

反向法则

这是一个适用于许多焦虑症状的重要的经验法则。把它应用于长期焦虑问题时，你需要意识到下面这一点：

"我应对多余的长期焦虑的本能反应是大错特错的。反直觉行事往往才能带来更好的结果。"

为什么会是这样呢？我们来回忆第 1 章中提到的焦虑陷阱的本质：你错把焦虑当成了危险。

焦虑陷阱威力十足。了解它具有如此大的威力的原因会给你很多帮助。

应对危险的三种方式

遇到危险，怎么办？你有三种选择：战斗、逃跑和静止不动。如果对方看起来比你弱小，你会战斗。如果对方看起来比你强壮，但速度比你慢，你会逃跑。如果对方看起来比你强壮，速度也比你快，你会静止不动，希望它视力不好，看不到你。这就是你用来对抗危险的全部方法了。

当你面对的是焦虑时，战斗、逃跑、静止不动这三种方法都是在用对抗的方式应对它——无论你的应对方式是努力停止焦虑，因为焦虑而生自己的气，努力转移注意力或思维，为了停止焦虑反复向朋友、在网上寻求安慰，停止思考，依赖烟酒，进行某些仪式，还是其他任何"努力让自己冷静下来"的方法。

然而，怀疑本身并不意味着危险，而只是一种不适。如何缓解不适呢？有一百万种以"冷静下来，等它过去"为核心的方法。澳大利亚医生克莱尔·威克斯（Claire Weekes）关于焦虑的书籍在出版50年后依然流行并有效。她建议我们在焦虑中"漂流"。你可能不清楚这里的"漂流"指的是什么。我认为，它是"游泳"的反义词，意味着什么都不做。让周围的环境给你提供支持，而你继续做自己的事就行。

遇到危险时，我们选择战斗、逃跑或静止不动。感到不适时，我们会冷静下来，等不适感自己消失。应对危险和不适的方法完全相反。所以，你如果错误地用应对危险的方法去应对焦虑，自然会让事情变得更糟糕。

当你把焦虑当作必须阻止或避免的危险时，你就是在用汽油灭火。你的本能反应和真正起作用的方法恰恰相反。焦虑陷阱的力量恰恰是你赋予它的。

这就好比指南针偏了180度，把南指成了北。如果你有一个偏了 180 度的指南针，只要你知道它指的方向是错的，需要朝反方向前进，那么你依然能找到回家的路。

你应对焦虑的本能反应或许一直是把焦虑的内容当真，对抗焦虑，努力避免焦虑。这是第 3 章中谈过的问题。你如果把焦虑看作危险的标志，自然会用对待危险的方式对待焦虑。

我们需要用不同的方法对待不适和焦虑带来的怀疑。这个方法能让我们识别心里的疑虑和不确定因素，意识到在想象未来的危险时大脑可能过度警惕。它能帮我们分清脑内（内心世界中）出现的想法和现实世界中发生的（或并未发生的）事件，让我们更好地接受自己无法控制思想的事实，明白自己的想法并不总能指挥当下发生的或可能发生的事情。

反向法则能够引导我们找到更合适的方法来应对焦虑。在介绍应对焦虑的不同方法时，我们会回归这个话题。

本章小结

本章中，我们回顾了焦虑的本质，发现它是一个反直觉的问题，最好用反直觉的方法解决。焦虑的这个特质深刻地反映了反向法则的原理。反向法则说明我们解决焦虑的本能反应通常是大错特错的，也说明如果采取反直觉的方法应对焦虑，结果会更好。这条法则会成为我们评估应对焦虑的不同方法时的重要指导。

THE
WORRY
TRICK

第 6 章

焦虑的提示词

如果你有长期焦虑问题，而且想努力解决它，有一点是你可以利用并把它变成优势的。几乎所有，真的是所有，可以说 99.9% 的焦虑出现时都会向你宣告它的到来。焦虑仿佛在挥动一面大旗，告诉你它来了。这么说的意思是，长期焦虑往往会从一个词——一个在焦虑者的词典中反复出现的词开始。

你可能知道这个词是什么。

回想一下之前自己和焦虑斗争的时候。一个焦虑想法出现时，最先进入脑中的词是什么？

焦虑者的高频提示词

如果你的答案是"万一"，那你就答对了。

现在，我要告诉你，这是一个优势，因为这个答案会向你指出，你是被外力引向焦虑的，就好比发令枪宣告比赛开始，或是在你身后鸣笛的救护车提醒你该靠边让路。

或许你并不认为这是个优势。你可能已经习惯去压抑与忽视焦虑的想法，认为任何让你注意到焦虑的事情都对你毫无帮助。你可能认为一直以来自己都无法控制多余的焦虑，因此最好是不让它进入你的视野。

然而，第 3 章中提到，与焦虑对抗的方法通常会让长期焦虑的问题更加持久和严重。这些方法看起来有用，实际上却是披着牧羊犬皮的狼。所以听我说，先把疑惑放在一边，至少在消化完这一章的内容之前不要急着下定论。

"万一"这个词是一个有用的信号。然而，如果你和多数长期焦虑者一样，你可能通常注意不到这个词，也会低估它在脑海中和对话里出现的频率。

"万一"就像扒手一样，会避开你的注意力。你往往只会注意到"万一"后面的内容，并对其做出反应。这就是长期焦虑的麻烦来源。"万一"是个诱饵，会引你落入货真价实地折磨你的陷阱。

如果焦虑趁你不注意时控制了你，你就无法改变与它的关系了。所以，及时注意到"万一"的出现并理解它的含义，对你是很有帮助的。这样一来，你就能做好准备，开始训练自己用不同的方式应对焦虑，换一种态度看待它。如果这听起来和你习惯的做法完全不同，那么这就是反向法则存在的原因。

让我们从分解典型的焦虑句式开始吧。虽然划分句子成分的练习已经不再是小学标准课程的一部分，但在我上小学的时候，我们都是这样学习语法的。我们会用相似的方法来分解焦虑。

划分焦虑的句子成分

下面就是绝大多数长期焦虑的真正结构。它包括两个部分。

万一_____？（横线部分是具体的灾难）

这句话以"万一"开头，后面紧跟着描述灾难的句子。

我们先来看看"万一"部分。"万一"在这里是什么意思？说"万一"的时候我们想表达什么？说"万一"意味着什么？

你可能不明白我是什么意思，我来解释一下。想一想我们什么时候会用"万一"开头？如果一只狗扑上来咬了我，我会不会说或想"万一有只狗咬我，该怎么办"？不太可能吧？我会大叫："疼！"

如果一只狗靠近我，冲我低吼，毛发竖起，露出牙齿，怎么看都像准备发起攻击，这时我会不会想"万一有只狗咬我，该怎么办"？还是不太可能吧？我应该会四处寻找狗的主人，找一根棍子来保护自己，找一个能跳过的篱笆或者一棵能爬的树。我会努力寻找一切能保护自己的方法。

那么，你认为我什么时候才会说或想"万一有只狗咬我，该怎么办"？

我认为，当我既没有被狗咬也不处于快被狗咬的状态下，我才会说这句话。如果狗的牙齿已经咬上了我的腿，我就不会说这句话了。如果一只狗站在我面前，准备发起攻击，我也不会说这句话。到了这种时候，我正忙着保护自己，没时间想任何事。当我没有受到狗的威胁时，我才会说或想"万一有只狗咬我，该怎么办"；当前额皮质在工作，而杏仁核在后台待命的时候，我才会说或想"万一有只狗咬我，该怎么办"。举个例子，如果我怕狗，在准备出门走上几个街区去坐火车前，我会有这个想法。然而，如果在我去坐火车的路上，真有狗袭击我，杏仁核就会掌控大局，让前额皮质闭嘴，赋予我保护自己所需的能量和紧迫感。要等到脱离狗的威胁以后，我才会和像一群老年人一样的前额皮质重新开始对话。

狗的袭击并不会造成焦虑，只会让我保护自己！

那么，这里的"万一"到底是什么意思？

它的意思是"让我们假装这件事要发生了"。

代入你自己的情况，想想是不是这样的。在你感到焦虑时，"万一"是否具有这种含义？"这件事目前并没有发生在现实中，但让我们假装它要发生。"

实际上，"万一"可以更加具体。你上一次思考"万一我明天醒来时感觉非常棒，对我和我的状况都很满意，对每个人充满爱，并知道这些感受会持续终生，该怎么办"是什么时候？

不是最近，对吗？事实上，你可能从来没有过这样的想法。我们通常不会想"万一"好事发生，该怎么办。谈到"万一"时，我们想到的都是将来可能发生的消极的、糟糕的、痛苦的事。

所以，"万一"真正的意思是"让我们假装坏事要发生吧"。

你或许认为"万一"就是"会发生"或"有可能发生"的意思。你或许认为"万一"就是坏事即将发生的强有力的预警信号。如果是这样，我还有一个问题要问你。

哪些事情是绝对不会发生的？

你可以慢慢想，但我认为你举不出太多例子。你只要考虑到足够多的情况，就会发现一切皆有可能。这也是内心世界和现实生活的区别之一。现实生活中有掌控现实的法则，而内心世界是没有任何规则的。每个人都能自由发挥想象力。无论你想的这件事多么荒谬，多么不切实际，你都无法证明它绝对不会发生。

这个事实可不会让你的生活好过。我们的"万一"想法中并不包括所有看起来可能发生的事，只包括那些非常糟糕的。正是因此，在我儿子得了黄疸之后，我和妻子一直非常担忧。我在第 1 章讲过这个故事。

"万一"的后面是什么？是某天、某周、某月或某年你最怕发生的事情。这是一种填空游戏，不管你现在担心的是自己的工作、健康、伴侣还是家具，你都可以填在空里。

万一＿＿＿＿＿＿＿＿？（填上你眼中的灾难）

在长期焦虑的情况下，填在"万一"后面的部分都是假设。当你被长期焦虑欺骗，假设某事真的发生了，假设的内容是否重要根本无所谓。假设就相当于用零乘以任何数字。无论原本的数值有多大，只要乘以零，最终结果只能是零。

"万一"的填词游戏

你知道"疯狂填词"（Mad Libs）游戏吗？这个游戏是 20 世纪

60 年代在派对上流行起来的。它是一本短篇故事集，每个故事里都有一些词是空白的。你需要和许多朋友一起玩这个游戏：不让他们读故事原文，要求他们猜出单词填空，把故事补充完整。你可以给他们提示，像"我需要一个副词""这里要填一个颜色""要一个数字""要一个专有名词"，等等。你要把这些词填到需要的地方，然后把完整的故事读给朋友听。他们听完会哈哈大笑，特别是在游戏前你们已经喝了许多啤酒的情况下。这就是互联网出现前我们的娱乐方式。

所以，表达长期焦虑的"万一"句式就是关于焦虑的疯狂填词游戏。就是这么随机，这么随便。你可以在句子里填写任何焦虑，写什么都无所谓。你可以选择自己的常规焦虑——你"最喜欢的"焦虑——但填什么句子都说得通，因为开头是"让我们假装"。

问题是，过一段时间后，你就会忘记自己是在假设了。

大部分长期焦虑者都是这样的。时间久了，你就会习惯这些想法，再也注意不到假设的部分。再过一段时间，你可能都注意不到"万一"这个词了。你在意的只剩下煽动人心、夸大其词的焦虑的内容。

一旦你注意不到"万一"这个词，暗示麻烦的想法就会像鼓点一样固定地在你脑海里响起。你不会意识到自己是在假设。也难怪我们会对焦虑感到不安和难过了。焦虑就像专门播报坏消息的电视节目一样，直接把坏消息传递到你的脑子里。

一旦你注意不到"万一"这个词，暗示麻烦的想法就会不断用这样的声音刺激你：

> 万一我得了癌症，怎么办？
>
> 万一我的伴侣离开我，怎么办？
>
> 万一我在演讲的时候脑中一片空白，怎么办？
>
> 万一我中午在饭店吃饭的时候情绪失控了，怎么办？
>
> 万一他们因为我太紧张，把我当成恐怖分子，怎么办？

当你同时处理多个任务时，焦虑的效果还会加剧。你即使注意到了"万一"，也不可能全心全意地关注并解决问题。因为你忙着在吃午饭时查看短信，浏览日程。这个想法潜在的力量很大。我们不可能注意不到自己出现了这个想法，也不可能把它视为普通想法。相反，我们直接跳过"万一"，把全部注意力集中在焦虑的内容上，不断吸收焦虑的信息，仿佛麻烦真的会发生。

这是你应对焦虑时面临的阻碍之一。我们的社会重视思想，常把思想看作区别人与动物的特质之一，是数十亿年人类进化史上的高光之一。我们中的许多人非常自负，认为人类思想具有极高的价值。我们认为思想是好的、有力量的、重要的，而自己的思想格外好、格外有力量、格外重要。应对焦虑时我们当然也是这么想的。如果不看重这些想法，我们也就不会有这么多烦恼了。

大脑是解决问题的完美工具。是大脑而非其他因素（可能除了可与其他手指相对的拇指）让人类成了食物链顶端的捕猎者。人类的大脑创造出了轮胎、语言和文字，计算出了让飞船在其他星球上着陆所必需的数据。

但大脑是为解决问题而存在的器官，因此它始终在寻找需要解决的问题。特别是在没什么要紧的问题（比如攻击人的狗）需要解决的时候，大脑就会为解决问题而制造问题。你的一部分想法纯属大脑嘈杂的胡言乱语。你无论多聪明，都会遇到这个问题。

意识到焦虑的诱惑

"万一"就像第 4 章中提到的斗牛用的红布。想象一下，如果在斗牛表演前，你和牛谈心，我认为对话的内容会是这样的：

> 听着，牛，我知道你看到红布的时候是什么感受。血液沸腾，对吗？你想用蹄子刨地，想大声喘气，然后冲向红布，把它和挥舞布的人一起踏平。但是你记不记得你表兄托罗的遭遇了？他朝着红布冲过去、攻击它的时候，有几个人把短刀插到了他身上。然后，另一个人又在挥舞红布。托罗朝着他冲过去以后，这个人把剑刺入了他的喉咙。这是个圈套！他们在用红布做诱饵诱惑你！所以，当他们冲你挥舞红布的时候，你最好记得这是个陷阱！躺下来，找点儿野花嚼嚼！不要咬饵！不要上当！

训练一头牛不被红布激怒非常困难，但你可以训练自己忽略"万一"的诱惑，注意到"万一"这个词本身，采取不同的对策。你可以训练自己相信，这是一堆废话。

缓解焦虑的第一步就是注意到"万一"句式，也就是"让我们假装（坏事要发生）"的出现。你如果注意不到"万一"，就很容易忘记这是一个假设。通常来说，紧跟在"万一"后的麻烦似乎更糟糕、更恶劣，于是我们很容易忽视"万一"，特别是当你一开始完全没注意到它的时候。

有个方法能帮你注意到这个词。

记录你的焦虑次数

准备几盒粒数固定的薄荷糖，例如 60 粒一盒或 100 粒一盒的。随身携带这盒糖，把它放在口袋、小包或公文包里都行。

你要养成这个习惯：一旦出现"万一"的想法（或者听到自己说出"万一"），就拿出一粒糖。你可以吃了它，也可以把它丢到垃圾桶里。做什么都可以，只要从盒子里拿出一粒糖，再关上盒子就行。

你可以用这个方法来追踪和记录自己一周会出现几次"万一"的想法。你也可以用你喜欢的其他方法，比如计数器。我喜欢用糖，是因为它们更容易打断大脑的"正常工作"。如果你害怕这种自我监控的行为被他人发现，用糖就更没人会发现了——在外人看来，你不过是吃了一粒薄荷糖而已。

习惯可以通过练习养成。坚持几周后，这种计数法就能带来持久的变化，提高你对"万一"想法的敏感度。这样的想法不再是下意识的，不会再像悄悄偷走钱包的扒手一样趁你不注意潜入你的大脑。现在你会越来越关注这个习惯。"万一"的想法开始变得不那么容易骗到你了。

许多人很快就能意识到"万一"这个词很重要。有时候，有人发现自己在使用"万一"的变体，比如"要是""说不定"或者其他引诱你联想到未来会发生坏事的词。如果你发现引发焦虑的词发生了变化，也可以用糖来记录这些新词。

在开始之前，还要注意一件事。在开始计数后，你会因为自己总会产生"万一"的想法而不开心。"万一"出现的次数太多，可能会让你不知所措。一开始你可能会宁愿我没有让你注意到这个问题。

别被骗了。虽然一开始你会灰心丧气，但能注意到所有的"万一"想法是一件好事，因为这些想法在被你注意到之前就已经存在很久了。你注意到它们后，一切就不同了。注意到它们是开始实施新应对策略的第一步。

坚持记录自己想到"万一"的次数几周后，你就会养成下意识留意这些想法的习惯。

这种留意"万一"想法的策略和你平时使用的策略相比如何呢？

我认为这种方法和你平时采用的策略是截然不同的。这种方法虽然会让你感到别扭、不适，但这是个好现象，证明你为改变与长期焦虑的关系而做出的努力用对了方向。

请牢记反向法则："我应对长期焦虑的本能反应是大错特错的，因此采取反直觉的方法才能改善局面。"（如果你忘记了对立法则，可以回头看看第 5 章。）

你如果一直用同样的方法解决问题，得到的结果是不会有任何变化的。我们的目标是寻求不同的结果，因此要采取不同甚至相反的行动。

许多人努力转移注意力，试图逃避焦虑。这种方法恰恰证明了反向法则的正确性。如果它真的有效，你就不需要读这本书了——你可能早就不会被多余的焦虑困扰了。

这个方法行不通，需要用相反的方法才可以。你越想停止焦虑，焦虑就越是反复。这就像是在聚会上，你原本并不想喝酒，最后却喝得醉醺醺一样。

但这并不意味着转移注意力是无效的。转移注意力能带来有用的信息。思考一下这个问题：如果你主动用转移注意力的方式去逃避某个问题，这表明这个问题是怎样的？

思考一分钟。我们一般想要逃避的是怎样的问题？

想象一下，你正在银行排队，这时一个歹徒冲进银行，你听到了枪声。你会不会为了不去关注让人害怕的枪战而拿出存折开始计算余额？

可能不会！你会急忙趴下，或四处查看是否有掩体或出口。你会试图保护自己，而不是转移注意力。

我们什么时候会主动转移注意力去逃避讨厌的焦虑呢？当我们没有直接面对危险、不处于危急时刻，当前额皮质掌控全局、杏仁核没有接管控制权时，我们才会这样做。

所以，如果你发现自己在主动转移注意力，这就证明你不处于危急时刻，也不处于危险之中。正因为你现在是安全的，你才会主动转移注意力。你如果真处于"被枪指着"的状态下，是根本不会想去转移注意力的。

"为什么"问题

"万一"问题是偷走你内心平静的扒手。它的动作悄无声息，你甚至都没意识到发生了什么。

大多数扒手都有同伙，会帮忙吸引受害者的注意力，让受害者注意不到扒手。他们有时会故意笨拙地撞到受害者，有时甚至会在拥挤的车上大喊"注意扒手"。我们被撞到或听到"注意扒手"时，会去查看自己的钱包，于是扒手就知道钱包的位置了。扒手很了解反向法则。

"为什么"问题就是扒手的同伙。

当你意识到自己应该控制大脑、再次找回平静的时候，大脑就会产生各种不合理的、多余的焦虑。你会问自己"为什么",比如"为什么我会一直这么焦虑"。

你在问"为什么"时,通常并不是真在寻求答案。这个问题更像为让某种权威主持正义而发出的抗议和指责,是一种愤怒的要求。比起真正的问题,它更像抱怨。遗憾的是,并不存在一个接受投诉并进行响应的部门。这个问题会让你感到无力,让你对未来的态度更加消极,好像问"为什么"就说明这个问题需要其他人或上天的力量才能解决,而你自己只能在焦虑中等待一样。

如果在焦虑的时候思考"为什么",你就中计了。"为什么"问题通常表明你在抗拒焦虑,而不是真有疑问。抗拒焦虑注定会加剧焦虑,而不是消除它。抗拒焦虑就好比当汽车在冰上打滑时你猛踩刹车。我是绝不会这样做的。抗拒焦虑是一种发自本能的行为,但效果会适得其反。我们真正需要的是反直觉的有效方法。

我们总以为问"为什么"是关键。为什么我会有这些想法?为什么是我?为什么在这里?为什么是现在?

更有用的问题

事实上,焦虑的时候问"为什么"是最没用的。问"为什么"不过是焦虑的另一种表现方式。你可能无法停止焦虑,无法赶走焦虑,但你不必把焦虑看得太严重。避开"为什么"问题,阻止自己问"为什么"，注意到问题并转而思考更有价值的"是什么"和"怎么办"才更有用。

我正在经历的情绪问题是什么？嗯，是焦虑。

我该怎么办？第 9 章会介绍具体应对方法。

本章小结

　　本章介绍了焦虑想法的两个提示词——"万一"和"为什么"。它们一直在误导你，让你陷入长期焦虑。本章也给出了阻止它们对你产生影响的方法。如果你能在产生这些想法时意识到它们的存在，你就开了个好头，不会被"诱饵"骗到，不会让焦虑继续了。

THE
WORRY
TRICK

第 7 章

思考焦虑想法

思考焦虑想法是一件很奇怪的事，因为焦虑想法本身就是一种思考过程。思考自己的思考过程会让事情变得复杂，更别说试图改变它了。本章将介绍我们在试图改变想法时会遇到的困难，以及一些应对困难的方法。

针对焦虑的认知行为疗法

对长期焦虑者来说，20 世纪 80 年代中期出现的认知行为疗法是一项重大突破。在此之前，没有太多有效的疗法可供长期焦虑者选择。认知行为疗法第一次为缓解长期焦虑提供了具体、实用的方法。

认知行为疗法与此前的传统疗法大相径庭，是认知（思想）方法和行为方法的结合。在认知方面，该疗法认为错误、夸张的想法是导致并延续焦虑的主要原因。它给焦虑者提供了识别并改变焦虑想法的方法。认知行为疗法提供的第一个工具就是认知重建：在识别出各种各样的"错误观念"后对其进行审视与纠正。

识别焦虑想法

举例来说，认知行为疗法会引导在财务和事业方面有强烈担忧的人找出自己在这些方面的焦虑想法。这些想法可能包括：

> 我可能被开除。
>
> 如果失去这份工作，我就完蛋了。
>
> 我年纪大了，不可能再找到新工作了。
>
> 我永远不可能养活自己和家人了。
>
> 妻子会离开我，我可能要住在车里了。

既然关于某事的想法和信念会影响情绪，上文中的"我"的情绪可能是由想法导致的，无论想法是否正确。如果这个人关于财务和事业的想法是夸大其词、不切实际的，那么他在内心世界的情绪反应就不会符合他在现实生活中的实际处境。

认知行为疗法的治疗师会像我在第 3 章中介绍的那样，让焦虑者评估其焦虑的真实度，找出想法中典型的错误。如果这个人在关于财务和事业的想法中找到了错误，他就会对自己的想法进行纠正，用更符合现实的想法代替不符合现实的想法。如果他关于自己当下处境的新想法不再那么消极悲观，他的情绪就能得到改善。

改变行为

从行为层面看，认知行为疗法认为改变行为能彻底缓解焦虑。改变行为的方法包括接触恐惧的事物、场所和活动。因此，害怕蛇的人要多接触蛇，而不是避开蛇，这样才能慢慢克服恐惧。这种方法同样适用于对高处、商场、开车和坐飞机感到害怕的人。虽然采用放松和冥想的方法来降低整体焦虑程度也是可行的，但接触恐惧对象是目前已知最有效的方法。

传统的认知行为疗法给数百万长期受焦虑困扰的人们提供了巨大帮助。但在应对长期焦虑时，这种疗法中存在一些困难。

首先，典型的焦虑想法通常表达了对某件事的不确定感，通常以"万一"开头，如"万一我失业了，该怎么办"。这样的焦虑是无法评估的，也是无法被证明或证伪的。第 6 章介绍过，"万一"想法会诱导我们"假设"有坏事要发生，并为之感到担忧。而无论可能性大小，我们假设的大多数事件都是可能发生的，所以很难利用传统的认知重建方法来驳斥焦虑。

无论你找到多少证据来证明自己不可能失业，长期焦虑总能用"万一呢"推翻你的论断。因此，这往往导致我们用尽办法想要"确保"自己担心的事不会发生。而如果无法确保这一点，焦虑就会持续，甚至延长。

其次，使用认知重建纠正"错误观念"的方法会误导我们相信或期待自己能驯服甚至完善自己的思想。它暗示的是，我们完全可以通过纠正思想的方式消除不正常的担忧。

我认为这个方法不可靠，会给我们更多误导而非帮助。作为一名专业的心理学家，我见过太多人为纠正日常生活中令他们痛苦的焦虑思想而付出努力，却因为无法控制思想而深感自己是个失败者。

大脑并非电脑

我们经常犯的一个错误就是把大脑当成了电脑。假设一个程序并没有按照你希望的方式运行，这可能是因为某行代码把所有数据的单位都变了——你想要的结果是"磅"和"码"，结果却变成了"千克"和"米"。你可以删除那行代码，程序就会以"磅"和"码"的形式给出结果。修改后的程序能继续运行，就像从没出过错一样。程序不会"记得"它之前是按"千克"和"米"运算的，也不会怀疑到底应该使用哪套体系。电脑没有知觉和意识，对程序是如何运行的没有任何想法，对纠正前的运行状态也没有任何态度。它只会按照当前确定的代码运行。

大脑可不是这样的。大脑会像保存记忆一样保存想法。你能在电脑里把"千克"和"米"变成"磅"和"码"，但大脑只要没有遭受外力伤害，是不可能失忆的。大脑制造的新记忆会成为关于某事的主要记忆，但你并不会失去曾经的记忆。旧记忆出现的次数会变少，甚至会消失，但一旦处于某种状况之下，还是会再次活跃起来。

除此之外，你还能意识到那些出现在前额皮质的想法的存在，因此你会对想法产生想法。而电脑 —— 至少是最新的（希望我的文档不要对我的写作水平有任何看法）—— 并没有这种主观意识。它们只是在无意识地执行命令。

对想法的想法会导致焦虑，让你与自己展开辩论。对想法的想法增加了清除错误观念的难度。清除想法的尝试最终会让你想起你不希望想起的想法。这在一个经典的矛盾指令中体现得淋漓尽致 ——"不要想一头白熊"。

焦虑和担忧的矛盾疗法

和认知行为疗法出现于同一时间的另一个心理疗法派别是矛盾疗法（paradoxical therapy）。虽然矛盾疗法没有获得像认知行为疗法一样的主流赞誉，但我认为该疗法在治疗长期焦虑方面更加直接和有效。矛盾疗法采用了另一种方法来解决纠正想法的问题。它把想法放在一边，强调采取行动。矛盾疗法要求你采取自相矛盾的行动方式，即很难被完全接受或完全拒绝的方式。

矛盾疗法中的矛盾表现为，看似符合逻辑的要求或指示却导致了与其矛盾的结果。典型的自相矛盾的要求是这样的："现在主动产生冲动"或"认真听我说的话，不要按我说的做"。这类指示让听者感到困惑，让他们难以继续做之前一直在做的事情。"自然地表演"也属于这种要求。

矛盾疗法的主要工具叫"按病症开药"。这个方法能够非常有效地帮助我们克服长期焦虑。我们一起来看一个例子。在帮助一直在努力克服长期焦虑的咨询者时，我会在对话过程中刻意让他们想着自己的焦虑。

我第一次这样做的时候，咨询者会有两种常见反应。第一种人觉得我疯了，但我之后会向他们解释我这样做的原因。第二种人发现很难一直想着焦虑。即使我让他们多关注焦虑，他们也总有忘记焦虑的时候。

这个方法起效的机制是怎样的？我提出的这个让他们关注焦虑的不寻常的要求，终结了他们内心想要停止焦虑的努力。结果证明，停止焦虑的努力才是长期焦虑的根源。当我用出人意料的要求打断这种努力的过程，焦虑反而变得不那么根深蒂固了。

矛盾疗法对长期焦虑很有效，因为长期焦虑本身就体现了一种矛盾。这是因为：

1. 直接增加焦虑能缓解焦虑
2. 直接缓解焦虑会加剧焦虑

从广义看，包括认知行为疗法在内的所有疗法都有矛盾的一面，因为所有方法都鼓励焦虑者体验焦虑、练习与焦虑共处，希望长此以往能缓解焦虑。因此，我们让怕蛇的人与蛇共处，让怕坐飞机的人乘坐飞机，让有广场恐惧症的人去商场。我认为，这些疗法的主旨都是鼓励我们直面而非对抗焦虑。这一点非常有效。焦虑的矛盾内核解释了"越努力，情况就越糟"的原因。正是焦虑的矛盾内核让反向法则发挥了作用。

过去 30 年来，我们一直在使用认知行为疗法来缓解焦虑。随着认知行为疗法的优势与弊端日益突显，涌现了一些应对焦虑的新思考和新方法，包括接受与承诺疗法、元认知疗法（metacognitive therapy）、辩证行为疗法（dialectical behavior therapy）、叙事疗法（narrative therapy）等。

和传统的认知行为疗法相比，这些疗法对想法的态度有所不同。所有疗法都把想法看作产生情绪的核心，但这些较新的疗法对想法持怀疑态度，特别是对人类控制想法的能力持保留意见。

从这个角度看，大脑制造想法就像肾脏产生尿液、肝脏产生胆汁一样。它只是履行了作为器官的职责。由于我们只能用一开始产生想法的器官——大脑来评估想法，因此不存在一种能够不偏不倚地独立评估想法的方法。谁都做不到这一点。正是因此，我们通常认为自己的想法是正确的，是现实生活的真实再现，可通常事实并非如此。

这也是我们总是认为自己的想法很重要的原因。我们为自己的想法感到自豪，像对待伟大的发明一样对待它们，认为自己的想法比其他人的更有价值。所以我们都会遇到同样的一个问题——用芝加哥喜剧演员伊莫·菲利普斯（Emo Phillips）的话来说——"我曾认为大脑是我身上最完美的器官，然后我意识到这是谁告诉我的"。

我们遇到的第二个问题是，直接改变想法并非易事。我们改变想法的努力总会演变成停止思考的尝试，我之前说过，停止思考基本上是无效的。停止思考的结果就是让我们继续思考。

如果你使用认知重建类型的疗法时，该方法能帮你改变焦虑想法，同时不会让你过多地与自己和你的焦虑想法争辩，那么这个方法就是适合你的，你可以继续使用。但是，如果你在"纠正错误观念"的过程中陷入了与想法争辩的困局，并且焦虑不断重现，那么认知重建类型的疗法对你来说就和停止思考一样，并没有用。如果出现这种情况，你最好使用以接纳焦虑为主的方法，我会在第 8 章到第 10 章中介绍这类方法。不要再尝试任何认知重建方法了。

接纳与承诺疗法

接纳与承诺疗法在应对想法时是很有效的。这种疗法将思想和语言视作人类痛苦的主要根源，也把它们视为可以打包麻烦的行李箱。你可以带着这箱行李从纽约前往洛杉矶，但即使到了洛杉矶，你依然可以体验到和在纽约时一样的思想和情绪。

接纳与承诺疗法认为，最主要的问题在于"认知融合"（cognitive fusion）。什么是认知融合？它指的是我们赋予文字和思想某些实际上属于它们描述对象的属性和特征。

这是什么意思呢？举个例子，小苏西被猫挠伤了。在很长一段时间里，她也许会害怕这只猫，害怕附近的其他猫和狗。电视里播放猫粮广告时，她会逃离这个房间。甚至在有人提到"猫"这个字的时候，她都会因为害怕而大哭。听到这个字会让她感到恐惧，即使猫并不在家里。苏西把"猫"这个字和"挠人""咬人"这些猫的属性联系在一起了。用接纳与承诺疗法的术语来说，苏西将"猫"这个字和它的属性"融合"在一起了。因此，即使没有看到猫，只是听到"猫"这个字或想到这个字，她都会害怕。她再也无法区分听到"猫"这个字和看到真有一只猫张牙舞爪地扑向她之间的不同。

苏西的父母注意到了这一点。于是，如果必须在苏西面前提到猫，他们或许会换一个说法指代它，从而让她保持冷静。他们可能会用拉丁语词尾改造"猫"，或用"香蕉"代替"猫"。这样做是为了保护苏西，不让她害怕。但是这种做法无意间强化了苏西对"猫"这种动物和"咬人""挠人"的属性之间的联系，因为她一直没有得到机会去适应"猫"这个字。

脱　敏

很多心理互助小组都存在这种问题。许多小组不提倡或禁止使用某些词语，以免刺激到成员。举个例子，有的惊恐障碍互助小组限制成员使用"呼吸"一词，因为有些成员对这个词很敏感，听到

"呼吸"就会"喘不上气"。这些互助小组把"呼吸"和"喘不上气"及其所有相关症状联系了起来。就像苏西和她父母一样，小组成员的本意是好的，他们只是想帮助别人，但这样做却让成员们更难以面对"呼吸"这个词了。

你有没有不想面对的"敏感词"？你看到这个词就想直接跳过它，不想大声说出它，因为它会让你感到紧张和焦虑。

仔细想想，或许是有的。有惊恐障碍的人往往不想看到"昏厥""脑出血""疯狂尖叫"之类的词。有社交恐惧症的人也不喜欢"出汗""发抖""脸红"等词。有被害妄想症的人受不了"谋杀""投毒""刺伤""杀虫剂"等词。即使是普通焦虑者也会害怕有某些特殊意义的词。

想不想做个实验？

我估计你现在能猜到我要做什么，以及这个实验是什么样的。

选一个"敏感词"，然后重复 25 次。如果条件合适，你可以大声说出来。

如果小苏西重复 25 次"猫"这个字，这个字就会慢慢失去刺激性。

顺便一提，如果你猜到了实验内容，或猜得很接近，那就太好了——说明你已经习惯利用反向法则了。

接纳与承诺疗法可以通过这种"脱敏"的方式帮你解决认知融合问题。脱敏能解除你在词语或想法及其属性之间建立的关系。举个例子，为了帮苏西脱敏，她的父母可以用"猫"这个字自编童谣、唱关于猫的歌曲、用"猫"这个字来玩押韵游戏、制作猫相关的艺术品等方法帮她切断在"猫"和"挠人""咬人"属性之间建立的联系。惊恐障碍互助小组也可以采用类似的方法，如用有趣的方法使用"呼吸"一词，甚至可以滥用这个词，来帮助成员切断在"呼吸"和"喘不上气"的属性之间建立的联系。

脱敏是一种减少应对长期焦虑带来的痛苦的有效方法。痛苦通常伴随着疾病，特别是严重的疾病。然而，长期担心自己会患病的人即使身体健康，也会因为焦虑而经历与患病同等的痛苦。这也是他们避免看医疗节目的原因 —— 他们试图避开任何会让他们想到疾病的事情。他们将关于疾病的想法和生病带来的痛苦"融合"在一起了。解除这种关系可以极大地缓解焦虑带来的痛苦。

接纳与承诺疗法也可以帮助我们更多地在现实生活中采取行动，而不是沉迷于内心世界，试图改变自己想法和感受。从这个角度看，接纳与承诺疗法甚至和基督教的宁静祷文有些相似之处：

> 请赐予我心灵的宁静，去接受无法改变的事情，
> 请赐予我勇气，去改变能改变的事情，
> 请赐予我智慧，去了解差异。

接受接纳与承诺疗法训练时，我学到的一个通用准则是，观察想法对行为的影响程度可能比探究这些想法是否正确更有用。（关于接纳与承诺疗法和认知行为疗法的特点，我强调的这些只是我的一

家之言。虽然我很推崇这些特点，但它们只是我使用过这些疗法后的经验之谈。接纳与承诺疗法和认知行为疗法方面的专家教授使用这些疗法的方式可能与我的不同。）

也就是说，传统的认知行为疗法或认知重建方法与接纳与承诺疗法之间存在本质上的差异。举个例子，面对一个担心自己懦弱的人，认知行为疗法治疗师可能会让他定义"懦弱"，之后让他对比自己的行为和定义描述的内容，记录自己表现得懦弱和不懦弱的时刻。这样一来，治疗师便能帮助焦虑者更全面、更准确地看待自己的行为，最终帮助他提高想法的准确性。

而接纳与承诺疗法治疗师根本不会关注"我是否懦弱"这个想法的准确性。接纳与承诺疗法治疗师会问："你对懦弱的焦虑会不会在你做重要的事时影响你？"

换言之，接纳与承诺疗法治疗师会帮你从想法影响行为的角度分析想法，而不会关注想法的准确性。接纳与承诺疗法潜在的目标是帮助你在现实生活中表现得更符合自己对生活的希望和期待，而不是被内心世界突然出现的任何想法所限制。

想法如何影响行为

我刚接触接纳与承诺疗法的时候，遇到过一位总是担心自己退休后经济状况的咨询者。这位咨询者还远远没到退休年龄，也没有任何财务问题。事实上，他当时的经济条件非常不错。但他总是有这样的担忧：万一到时候我的退休金不够，怎么办？他时常沉浸在这种焦虑和摆脱焦虑的挣扎之中。他用过第 3 章中提到的所有对抗焦虑的方法，但都收效甚微。

我们努力尝试了认知重建的方法。我们分析他的想法，看看如果他赚的钱比预期少，退休生活会有多糟糕。我们研究了到那时他该如何节省开支，考虑了生活方式的改变会对他的情绪和想法造成哪些影响。我们思考了如何改变他现在的消费习惯来节省开支，以确保退休时资金充足，也思考了这种改变会让他有怎样的想法和感受。我们分析了他在退休后做兼职的想法（如果他认为有必要的话），也分析了靠他妻子赚钱养家的可能性。他发现这些思考和分析既不会让他感到舒服，也不会缓解他的焦虑。

我也建议过他找一位专业的理财规划师帮他为退休后做准备，但他告诉我他已经这样做过好几次了。这种解决问题的方法存在一个问题，那就是在他咨询理财规划师的时候，他们往往会让他签署一份知情同意书，说明他们的预测建立在某种可能被推翻的假设之上，并让他承诺不会因为预测错误而起诉他们。他说："预测错误？我一开始就是为了得到一个准确的预测才会去咨询他们的！"

这些努力对他来说毫无作用。有一天，我突然意识到，接纳与承诺疗法治疗师根本不会分析他关于退休的担忧是否符合现实。我想起了接纳与承诺疗法提出的问题"这个想法会不会在你做重要的事时影响你"，于是我问了他这个问题。

结果是，他的忧虑真的影响到了他正在做的重要事情。在了解到问题之后，我立刻反应过来，是我搞错了他当前面对的问题。在我给出答案之前，你可以试着猜一猜他的焦虑影响他做什么事了，但我觉得你猜不到。

他的焦虑没有影响他工作、退休或存钱。这个问题阻碍他做的是其他事，也正是因此，我意识到自己一直找错了方向。

他的焦虑影响他做什么了呢？当你拥有一份养老金计划的时候，无论你是个体户还是给企业打工，你都会定期拿到一份进展报告，写明你缴纳的金额。如果你所属的企业也缴纳了一部分，这部分也会被列在报告里。你持有的股票和债券的价格波动也会体现在报告中。你会利用这些信息，根据需要来调整和改变投资策略。

这位咨询者的焦虑导致他在收到这份报告时不愿意打开查看。他会把信件直接放入文件箱，从不打开看内容。

于是我意识到，我一直都没发现真正的问题所在。我一直以为他需要的是在养老金计划中获得更多安全感，并一直在朝这个方向努力。但是现在我明白了，他的问题在于无法忍受焦虑和不确定性，因此为了逃避这些，情愿放弃对财务状况的掌控！

他需要的不是自信和安全感，而是接纳不确定因素，接纳焦虑的想法和感受。他需要与焦虑合作，而非对抗焦虑。

本章小结

当你以评估并改变焦虑为目的去思考焦虑时，你其实给自己设下了一些限制。这些限制可能会阻止你用认知重建的方法去缓解焦虑。

一方面，客观地思考想法并非易事，或许也并不现实，因为你用来评估想法的工具——大脑——正是创造出这些想法的器官。另一方面，评估和改变焦虑通常会导致你和自己的想法辩论，无法让你实现最初的目的——冷静地解决问题。

如果你认为这些限制阻止了你用认知重建的方法缓解焦虑，那么使用脱敏的方法可能更有效。用轻松、幽默的方式与长期焦虑的敏感词和想法合作（而非对抗），不与焦虑争辩，不去纠正焦虑的内容，或许会带来更好的结果。

THE WORRY TRICK

第 8 章

"争论叔叔"和
你与焦虑的关系

第 6 章中介绍的薄荷糖计数法你用得怎么样了？"万一"的思考习惯对日常生活渗透之深可能让你感到非常惊讶。我鼓励你再用这种计数法几周，因为这个方法可以帮助你跳出当局者迷的困境，隔着清醒的距离观察你的焦虑习惯及其诱因。

本章将从宏观角度来介绍你与焦虑之间的完美关系应该是什么样的，并提供发展完美关系的具体步骤。你应该像对待节食或健身这种生活中的重大改变一样培养你与焦虑的完美关系 —— 是专注每一步，研究如何将其融入日常生活习惯，而不是期望立刻看到成果。做出改变的时候，我们都希望快速获得成功，这一点可以理解。但过于关注成果往往会让你偏离正轨，反而难以坚持这些新习惯。改变你与焦虑的关系的关键在于让新习惯成为日常生活的一部分，慢慢收获好处。

你要记住一句话：行为带来感受。无论是节食减肥，是实施健身计划还是缓解焦虑，我们都想尽快看到成果。但良好的感受往往是在我们改变了习惯和日常行为之后而不是之前出现的。

当你不得不和争论叔叔相处

假设你要去参加一场家庭聚会，可能是婚宴、毕业聚会、成人礼或周年纪念日。你非常期待这次聚会，希望自己能开开心心的。很不幸，你不知道把邀请函放到哪里了。这导致你成了最后一个答复邀请的人，于是他们安排你坐在一个外号叫"争论叔叔"的亲戚旁边。

争论叔叔其实人还不错，但他真的太喜欢和人争论了。争论是他和人聊天时的基调。如果你说支持民主党，他就支持共和党；如果你认为最棒的运动项目是橄榄球，他就会说是足球；如果你认为早餐是一天里最重要的一顿饭，他就会说晚餐才最重要。他就是很喜欢和人争论。他为人一点儿也不刻薄，他只是享受争论的感觉。

晚餐期间，你要坐在他旁边。你并不想和他争论。你只想坐下来好好吃饭，享受美食。如果可能的话，你希望能展开一些愉快的对话，但绝对不要争论。和人争论只会让你胃疼。这时候你该怎么办呢？

避免争论是很难的

你不可能换一桌坐，因为其他桌也没有空位置了。你也不可能和其他人换座位，因为没人想挨着争论叔叔坐。所以，除非你不吃晚饭，否则你只能坐在他旁边。但你想吃晚饭，因为这是你最期待的环节，而且不吃饭跟和他争论一样，都会让你胃疼。那如何才能在坐在争论叔叔身边吃饭的情况下不跟他争论呢？你有什么办法吗？

你也许试图忽视他，但这样做只会让他声音更大，态度更坚定。别人越忽视他，他越开心，因为他认为这就意味着他赢得这场辩论了。所以忽视他是没有用的。

你也许想告诉他，你不想和他争论，但这样做也会让他继续抓着你不放，他还会反复批评你不敢表达自己的看法。你也许会冲他大喊，让他闭嘴，但是他会把这当成激烈的辩论，于是更开心、更起劲了。你也可以认真听他说话，等他说出明显错误的观点之后立刻指出。但这种做法依然是争论，而且他绝不会承认自己错了。你还可以让桌上的其他人帮你，但他们根本不想和争论叔叔辩论，而会顾左右而言他。你只能靠自己了。

你也可以揍他，但这样一来，可能以后也没人会邀请你参加家庭聚会了，而且你也不希望招来警察。那你该怎么办呢？

争论的反面

你也可以试着迎合他。这个方法怎么样？赞同他说的每一句话，无论真假、睿智还是荒谬。不论他说什么，你都同意。"没错，争论叔叔，你说得太对了。太明智了。一点儿错都没有。"

你信不信，如果你同意他说的每句话，这位爱辩论胜过一切的人就会去找其他人辩论了？迎合他对你有影响吗？这会是回应争论邀请的合理方法吗？

你可以与他针锋相对、吵得不可开交，也可以迎合与顺应他的意见。这个人非常固执己见，因此除了对立和迎合，你没有别的办法。你希望自己有其他办法应对他，但是你也希望可以好好享受晚宴，所以你要么对立他，要么迎合他。

对付焦虑就像对付争论叔叔一样。如果你中了他的圈套，回应他的每一个观点，那么你就会被卷入纠纷，而实际上你只想好好吃饭而已。最终结果就是，你做了自己不愿做的事——争论——而且心情一落千丈。

然而，你如果养成了顺应焦虑的习惯，就能在不陷入纠缠、不感到烦躁的情况下四两拨千斤地避开争论。你可以与焦虑合作，而不是与它对抗。

这听起来是不是很反直觉？这就对了，因为这个问题就是反直觉的。如果你越努力克服焦虑，焦虑反而越严重，那尝试相反的方法或许有用。顺应焦虑恰恰是反向法则会建议的方法。

"应该"是没用的

你赞同这个方法吗？通常，我们会用"应该"开头的句式提出抗议，比如，"他"——争论叔叔——"应该更尊重我的感受"，而且"我不应该理会这些愚蠢的想法"。但如果反对有用的话，你现在应该坐在温馨的咖啡馆里，无忧无虑地听一位美丽的陌生人为你读诗，而不是在读这本书了。最好想一想"我要怎么做"，而不要思考"应该什么样",否则你会非常焦虑。

看待焦虑的新角度

上文中争论叔叔的比喻可能颠覆了你过去对长期焦虑的看法。你过去是如何看待长期焦虑的?想到长期焦虑时,你能想到什么比喻?

大多数长期焦虑者会用表达挣扎、反抗和争斗的比喻。他们或许会把焦虑视作恶魔,想着该如何杀死它。我们将长期焦虑妖魔化、一味对抗它的行为都是很自然的。这是人的本能反应。

但焦虑是一个反直觉问题。我们如果依赖本能反应来解决问题,往往会因问题无法解决而感到沮丧。当我驾车在结冰的路上滑行的时候,我越努力打方向盘避开电线杆,就越可能撞上去。正确做法是朝着打滑的方向开。

我们对长期焦虑的比喻也是如此。焦虑不是疾病,也不是闯入大脑、吸取灵魂的外星怪物。焦虑只是大脑为了保护你而产生的自然结果,只不过超出了你的需求而已。用反直觉的方式应对焦虑可能更有利于缓解它,但你需要一点儿时间来适应这种方式。

焦虑像捣乱的听众

长期焦虑就像你在演讲时遇到的捣乱的听众。应对这种人需要特殊的方法。作为演讲者，你走到听众席里和他打一架是没有任何意义的，因为这会让你没法好好演讲。回应他、为自己辩护也是没用的，因为这同样会让你没法专心继续你的演讲。刻意忽视他也不行，因为无论你怎么忽视他，他都太显眼了，努力转移注意力只会让你从演讲中分心。或许，你可以要求他闭嘴，但是通常来说，这样的人不会因为你一句话就变回礼貌的听众。你的请求根本没用，他会继续起哄，而你已经不能再专心演讲了。

如何回应这种人才对？最好的方法是把他的声音视为理所当然的、背景音的一部分而接受，这样你就不必在继续演讲（日常生活）和听他说什么之间做出选择了。如果你选择接受起哄的声音，对他说的话和房间里的其他声音一视同仁，起哄声可能就会慢慢消失。起哄者会一直起哄，是因为他知道自己吸引了你的注意力，对你造成了影响。一旦你接受起哄的声音，它或许就会慢慢平息。

你自己的想法在捣乱

如果你发现捣乱的想法来自你自己，这意味着什么？我在第 4 章中介绍过，这说明你很紧张。这也是它能说明的唯一问题 —— 它不能说明你处在某种现实的危险之中，只能说明你的内心很紧张，仅此而已。你如果愿意，可以快速做以下测试。

假设你收到了一封来自"尼日利亚王子"的邮件，信中他提到要和你分享金子。你只要把银行账号发给他，他就会把钱转给你。[①]

如果你相信了这封信上的内容 —— 真以为自己马上就要发财了 —— 那你就上当了。然而，如果你读了邮件，认真思考这封信到底有什么意图，然后发现这是个骗局，或许你就不会上当受骗了。

焦虑的想法 —— 也就是你脑中来捣乱的想法 —— 需要用类似的方法来解读。反复出现的"万一"想法并不是疾病、失业、家电故障、孩子被学校开除等问题即将发生的预警。它们真正传递的信息是"我很紧张"。

你要应对的是紧张感，而不是并不存在的麻烦。

顺应焦虑

顺应焦虑的具体做法是怎样的呢？方法很多。下面是其中的一种。

听一听内心的想法，接受它，夸大它。即兴表演训练中有一项叫"没错，而且"。在这个练习中，你会接受场景中其他人说的每一句话，并在他们所说的基础上扩展。你不会反对、反驳或否定其他参与者说的话。你不仅接受，还会给他们的话添砖加瓦。这就是即兴喜剧的基本法则 —— 不反驳，反而要接受其他表演者说的一

---

① 骗子打着"尼日利亚王子"等外国贵族的旗号进行诈骗的常见骗术。——编者注

切，然后以此为基础不断扩充。

这个规则适用于舞台，也适用于你的内心世界。虽然在舞台上和在内心中应用这个规则的目的不同，但这个法则在应对焦虑方面绝对会给你帮助，因为它体现了反向法则的精神。

你该如何使用这个方法呢？下面是一些顺应焦虑的例子。

> 万一我在飞机上惊恐发作，被抓住并绑了起来，怎么办？
>
> 没错，而且飞机落地以后，他们会先带着我在城里游行一圈，然后再把我送到精神病院。我会登上晚间新闻，所有人都会看到我。

> 万一我在宴会上突然紧张，手抖得所有人都能注意到，怎么办？
>
> 没错，而且我可能还会在婚宴上把热汤撒得到处都是，让所有人都二级烫伤，于是新人的蜜月就被我毁了。

> 万一我得了绝症，怎么办？
>
> 没错，而且我最好给医院打电话预约床位，可能还要预约殡仪馆。

这样回应的目的不是摆脱焦虑。我的咨询者总想摆脱长期焦虑，所以有时会尝试顺应焦虑的方法，但尝试之后又会告诉我："这个方法没用，我还是感到焦虑。"这没错，因为这个方法本来就不是要帮你摆脱它的。

焦虑是反直觉的。你如果试图摆脱焦虑，不管用什么方法，最后都会让焦虑更持久。顺应焦虑的目的是接纳焦虑，让焦虑不再成为困扰，让你更好地理解和接受焦虑的本质，明白它不过是你内心的想法和触动而已。有什么样的想法都是正常的，无论是聪明的、愚蠢的、愉快的、愤怒的还是可怕的想法。我们产生的想法是不受自己控制的。每个人都有许多想法，而且很多想法都具有误导性，还很夸张。这些都没关系。我们不需要被想法带着走，不需要与想法争论，也不需要否定或消灭想法。我们只需要一边听着这些想法的喋喋不休，一边继续做自己的正事。

我注意到，长期焦虑者会陷入一个循环。他们会把自己过度焦虑的时间段定义为"坏日子"，努力想要结束焦虑。而他们如果没有感到焦虑，就会用"好日子"来定义这段时间，并试图预防焦虑。他们总在尝试调整自己的想法，但通常结果和他们预想中大不相同。

实际情况是怎样的呢？当你试图摆脱"坏日子"时，"坏日子"往往会持续下去，情况越发糟糕了；而当你试图延续"好日子"时，"好日子"往往又过得飞快。

是不是感到很郁闷？我们一起来回顾一下重要的结论：我越努力，情况就越糟。在这种情况下，这句话能给你怎样的启示呢？

或许，你能确定自己的焦虑，并"把它留在脑海中"。这是什么意思？意思是，你要做的恰恰和"把焦虑赶出脑海"相反。你要刻意去体验焦虑，和它玩耍，重复它，防止自己忘记它，甚至可以每三分钟打一次卡，确保自己在定期重复焦虑。

为什么要这样做？因为如果"越努力，情况就越糟"是真的，那你或许能从与努力相反的行为中获益！

不去过度在意焦虑

还有一个更常见的好方法，或许也是最重要的方法，那就是无论焦虑的内容是好是坏，都不去过度在意它。大脑中自发产生的想法就像没有尽头的配乐，会陪伴你一生。这些想法有时很重要，但有时毫无用处；有时很愉快，有时很糟心；有时很准确，有时不准确。大脑里没有开关，没有声控。我们活在自己的想法中，就像金鱼活在水中一样。

我们都无法选择自己的想法，但我们可以选择应对想法的方式，可以选择活着的时候能做些什么。我们不是只有在把自己的想法管理得服服帖帖后才能做想做的事。

试图留住"好"想法、摆脱"不好"想法的活动是在哪里发生的？在大脑里。生活仍在继续，但我们却错过了身边发生的事情，因为我们一直在管理心中长期存在的想法，而不是投身到现实生活中的活动中。你要在现实生活中处理重要的事情，而不需要管理脑海里的想法。

想不想做个实验？不会花费太长时间，大概五分钟。这个实验总共分三步。

焦虑实验

第一步。说出一件最近一直让你烦恼的事，用不超过 25 个字说出这个典型焦虑最糟糕的一面。前两个字肯定是"万一"，所以只剩 23 个字了。想象一件你害怕的糟糕事件，以及它带来的长期影响，还有你老后回想起这件事时会有多焦虑。这是三个步骤中花费时间最长的一步。好好想一想，想出一件让你焦虑的事以及这件事会带来的最坏的后果。

有几个例子可供你参考。你或许猜到了。仅仅是阅读焦虑的事件就会让部分读者感到不适，就像恐怖小说和电影会让人害怕一样。不过没关系，这些感受都会过去。然而，如果你现在不想有这种感受，先给这部分做个标记，等觉得自己能接受这种不适时再回来阅读。

例子：

对害怕失去理智的人来说：

普通：万一我疯了，怎么办？

进阶：万一我疯了，被送到医院，怎么办？

最佳：万一我疯了，被送到医院，然后度过糟糕又毫无意义的漫长一生——失去记忆、牙齿掉光、秃头、被抛弃、孤独终老，怎么办？

对害怕在派对上出丑的人来说：

普通：万一我在派对上真的特别紧张，怎么办？

进阶：万一我在派对上真的特别紧张，然后开始出汗、发抖，怎么办？

最佳：万一我在派对上真的特别紧张，然后开始出汗、发抖，甚至小便失禁，以后谁都躲着我，怎么办？

来吧，写下你的焦虑。写下最让你焦虑的事情，这样实验才有意义。在"万一"后写下你的焦虑，加上两三个"然后"来说明它带来的糟糕后果。不要写完第一稿就停下。花时间修改一下，用文字加强焦虑——写出你能想到的最害怕、最讨厌的事。

第二步。在一张纸上从 1 写到 25。

第三步。坐或站在一面镜子前，看着自己。大声、缓慢地读出你写的句子，读 25 次。读完一次就划掉一个数字，直到读满 25 次。

你如果愿意，也可以用 25 个小物件——牙签、硬币、糖豆（或前面用过的薄荷糖）来计数。把它们放在桌上，读完一次移动一个。不要在心里默数，因为需要花费太多脑力。我希望你能集中注意力重复 25 遍焦虑。

来吧，试一试。选一个能确保隐私、不用担心会被别人听到的时间和地点，集中注意力一遍遍读出你的焦虑。你可能觉得这样做很蠢，但一定要试一试。不要跳过这一步。

你或许会感到不适，但我认为，短暂的痛苦是值得的。像这样的实验能让你更好地理解焦虑对你产生的影响，也有利于你找到应对焦虑的不同方式。做完这个实验之后，继续阅读本书。

这个想法看似非常奇怪、反直觉，但想一想，之前有逻辑的、符合直觉的尝试给了你哪些收获？试一试这个实验吧。

做完了吗？如果你是在我的办公室做这个实验的，现在我会问你：你最后一次重复焦虑时的感受和第一次说出焦虑时的感受有何不同？哪一次更烦恼？

重复焦虑有利于缓解焦虑

如果你和大多数长期焦虑者一样，你可能会发现，重复焦虑反而有利于缓解焦虑，因此你在最后一次重复时已经没有第一次时那么焦虑了。如果你的情况是这样的，你应该可以意识到长期焦虑的本质。（如果你没有得到这个结果，那就想一想你写下的这条焦虑是否代表了你的长期焦虑，如果不是的话，就换一个。如果它有一定代表性，你可能是把另一个问题和焦虑弄混了——你写下的句子体现的是对过去事件的消极记忆，或是某种强迫性倾向，而不是对将来会发生什么的焦虑。如果是这样的话，你或许需要回顾前几章，或在专业治疗师的帮助下评估自己的状态。）

想想你为摆脱焦虑所做的一切努力，以及得到的微小成效。想想你通过第 3 章中谈到的对抗焦虑的方法得到的结果。但是现在，你花了一点儿时间大声重复焦虑，或许已经让焦虑变得不那么令人困扰了。当然，你还没有彻底摆脱焦虑，但重复焦虑暂时改变了你对焦虑的感受。

"万一"这是一种应对长期焦虑的更好的方法，怎么办？"万一"这个方法 —— 顺应焦虑，为焦虑创造空间 —— 比你之前习惯的一味追求停止焦虑的方法更有效，怎么办？

这代表了你和长期焦虑之间关系的重要改变，说明反直觉的方法可以应对反直觉的问题。如果遵循反向法则，你应对长期焦虑的方法应该是接受、利用焦虑，而不是努力摆脱它。逃离焦虑陷阱的方法是把焦虑看作不确定的事，而不是确定的危险。你要顺应焦虑，而不是沉溺于多余的焦虑争论中。把焦虑当作眼皮的抽动，而不是肿瘤。

简言之，你可以用非常有效的顺应焦虑法替换无效的停止焦虑法。怕蛇的人如果想要克服对蛇的恐惧，就需要花时间和蛇待在一起，从而习惯蛇。如果你有长期焦虑的问题，你的焦虑就是那条蛇。

我遇到过想要克服怕蛇问题的咨询者，因此不止一次和他们一起花时间接触蛇。一开始这个问题看起来好像是无法克服的，但是实际做过以后会发现并不难。我只需要花时间帮他们适应恐惧的症状并接触蛇，次数多了，他们自然就会摆脱对蛇的恐惧。

这种方法唯一的注意事项就是要找一条无毒的蛇。而对你而言，所有的长期焦虑都是无毒的蛇。无论焦虑想法有多么糟糕、丑恶、烦人、令人作呕，它都不具有危险性。它会让你感到不适，但不会置你于险地。

对一些人来说，只要接纳焦虑想法就足够了。你如果能做到这一点，并把精力和注意力重新放到重要的事情上，那么这就足够了。

还有一些人发现，长期焦虑的习惯非常持久且根深蒂固，要使用具体的、有针对性的方法才有效。下一章将介绍这些方法。

本章小结

本章中，我们了解了改变人与长期焦虑关系的一个有用的基本方法。你尝试了重复焦虑的实验，评估过顺应焦虑而不是对抗焦虑会发生什么。我们了解到，顺应焦虑的方法和迎合争论叔叔的方法一样。第9章中将介绍更多有效方法，来帮你应对持久而烦人的焦虑想法。

THE
WORRY
TRICK

应对长期焦虑的三个步骤

现在我们来看看应对焦虑的"AHA"策略。这三个字母是三个词的缩写，能帮你记住如何通过三个步骤来应对烦人的焦虑。

- 承认（Acknowledge）：承认和接纳。
- 顺应（Humor）：像迎合争论叔叔一样顺应焦虑想法。
- 行动（Activity）：继续完成现实生活中重要的事（如有必要，可以定个把焦虑拿出来考虑的时间）。

下面我们来一一介绍这三个步骤。

承认和接纳

你要承认的是什么？再次承认自己有焦虑想法。意识到它的存在可能会让你感到烦恼。你或许想拒绝承认焦虑，因为你觉得这种想法再次出现真是岂有此理。这件事没有任何价值。你之前可能已经多次对抗过它，但你的对抗没有任何作用，它又出现了，像每个小时都会发到你邮箱里的垃圾邮件一样让你烦恼。或者，你即使多次产生焦虑，却从未被焦虑伤害过，但你依然会感到害怕，因为你担心的是"万一这次有事发生，怎么办"。于是你被这个想法欺骗，把焦虑看得很重要。你一直希望自己能百分百确定焦虑是假的，但是你永远无法如此肯定。

没关系，你可以直接承认自己又产生焦虑想法了。你或许是通过"万一"意识到的，或许是在思考了自己的想法之后意识到的，都没关系。你拥有大脑，所以一定会有想法。不需要忽视想法，或者假装想法不存在。忽视想法的做法本身是没错的，真的，但如果忽视想法的努力反而让你不断注意到自己的焦虑，那么这个方法就是无效的。你每天都会产生许许多多的想法，只不过此刻出现的想法碰巧是焦虑而已。

你要向谁承认自己的焦虑呢？通常向自己就可以了。承认焦虑是一种内心活动：你意识到焦虑的存在，承认它，不要反抗或驱赶它，之后继续做你的正经事。有时候，你有理由把焦虑告诉别人，第 12 章会介绍这个问题。

接纳的对象是什么？是大脑产生的你不喜欢的想法。你不一定赞成它，但可能觉得它很合理，也可能觉得它令人反感。这些都不重要。你没资格决定大脑产生什么想法——谁都决定不了。没必要去对抗、否定想法，也不必驱赶它或安慰自己，这些做法也未必有好处。

没人要求你控制自己的想法。你只需要对自己的行为负责，而别人也只会通过行为而非想法来评价你。你可以有焦虑的想法，就像你可以有生气的想法、嫉妒的想法、色情的想法、古怪的想法、友善的想法、无情的想法、丢脸的想法、同情的想法、凶残的想法等一样。如果说焦虑值得你看一眼，那都是对它的过分夸大。

所以，没关系，就像胃可以发出任何声音，闻到让人讨厌的臭味可以做出任何反应一样，大脑也可以产生任何想法。如果你因为有人听到你肚子发出的咕咕叫而感到丢脸，你可以走过去和对方说抱歉，但是没人能听到你的想法，所以你不必道歉。你控制不了自己的想法，也没有必要因此评判自己。如果能做选择，你肯定不会选现在脑子里的这个想法。但这是你决定不了的事情。

最近，一位有些完美主义倾向、对自己比较苛刻的咨询者问我："如果再出现焦虑，我该对自己说什么？"我给她的建议是："就说'好吧'。"她觉得应该说些更复杂、有力的话，清除大脑中的杂念。不是这样的。无论多复杂，没用的说法就是没用。你无法控制自己的想法，你的想法也控制不了你。对于这样自然产生的想法，你更像是一个读者而非作者。所以，你不需要为控制自己的想法去骄傲地抗争。你没有权利选择想法或驱赶你认为没必要的想法。

对抗长期焦虑的第一步——承认——或许是三步中最重要、最有分量的一步。我对这一步的描述尽可能简单，但这并不意味着这一步本身很简单。有人或许能轻松承认并接纳多余的想法，无须使用任何方法，更无须做出任何回应就能继续完成下一步工作。那就太好了！如果你能做到这一点，就直接跳过这个步骤吧，不要浪费时间。

但这种情况往往是例外。对大多数人来说，想法是摆脱不掉的。我们之所以无法快速向前看，是因为还在和争论叔叔争辩，还在期待这些想法会消失。接纳你讨厌和害怕的想法通常是一个循序渐进的漫长过程，是我们一生都要为之努力的任务，而不是可以快速完成的具体目标。实现这一点需要不断练习，而不是只要做了就会成功。

这让我想起了奥赛罗棋盘游戏盒上的广告语。这种游戏和西洋跳棋一样，有黑白两色的棋子，因此给人一种非常简单的错觉。你需要包围对手的棋子，把他的棋子都变成你的颜色，这样就获胜了。这听起来很简单，但实际上却很复杂，因此这个游戏的广告语是"学会需要一分钟，掌握需要一辈子"。

你如果脱水了，可能是因为你在炎热的夏天打了太久球却一直没喝水。解决问题的办法就是多喝水。你如果严重脱水，可能就需要输液了。但也只需要输液——补充水分后，问题就会迎刃而解。

训练自己用不同的方法应对焦虑可不像补充水分这么简单。应对焦虑更像通过坚持锻炼来塑形，或是通过节食来减肥。你需要学习、练习、坚持某些步骤后才能有所改变，获得你想要的结果。

节食时，最重要的是养成并坚持每天健康饮食和规律运动的习惯。这一点比你今天体重数字是多少更重要，因为如果你能坚持这些习惯，你的体重和身体状态终会回归正常。同理，应对焦虑时重要的也是养成正确回应焦虑想法的习惯，而不是思考每天产生了多少焦虑。最重要的是，要朝着正确的方向前进。前进的姿态和前进的速度没那么重要。

为了找到应对焦虑的好方法，你首先要明确自己现在面对的情况是怎样的。你可以利用第 2 章中介绍的测试：

● 你如今的现实生活中存在任何问题吗？
● 如果有的话，你能采取行动改变现状吗？

如果你给出的不是两个肯定答案 —— 是两个否定答案或一个肯定和一个否定答案 —— 那么目前你的现实生活中没有需要解决的问题。你只有焦虑问题。你上了争论叔叔的当。

被焦虑欺骗和影响就像拿一面镜子去照养着暹罗斗鱼的鱼缸。暹罗斗鱼通常不会被养在一起，因为雄性斗鱼会互相攻击，直到死亡。我小时候会用一面镜子对着鱼缸，看暹罗斗鱼在看到镜中的自己后如临大敌的样子。暹罗斗鱼以为镜中的自己是另一条鱼，做好了战斗的准备，露出亮红色的鳃，挥舞着鱼鳍，张大嘴巴。当然，另一条鱼并不存在，于是过一会儿，暹罗斗鱼就会自己冷静下来。但是过几分钟之后，它又会开始兴奋，就和受焦虑困扰的你一样。这样的反应是真实的，但威胁并不存在。它眼中的鱼不在那里。

出现这种情况的时候，要牢记两点。你可以把这两点记在电子设备或一张提词卡上，直到你养成记住它们的习惯为止。

1. 感到紧张是一种情绪。

2. 感到紧张很正常。可能你真的非常非常讨厌这种情绪，但紧张更像待在暖气过热的房间里，而不是在森林火灾现场。你会感到不舒服，但实际上并不存在危险。你可能坐在热到让你难受的房间里，阅读和森林火灾有关的内容，或者观看和森林火灾相关的电影，但无论电影看起来多么真实，文字描写多么栩栩如生，你只是感受到不适而已。

你对焦虑的灾难式想象并不是你在现实中面对的问题。你在现实中面对的是在应对焦虑时产生的不适感，以及想要认真对待并抗拒焦虑的本能。你用常规方法对抗焦虑的时候，就会再次陷入"越努力，越焦虑"的困境。

承认和接纳是第一步。如果你发现自己经常落入焦虑陷阱，经常和争论叔叔辩论，那么第二步或许对你有帮助。

顺应焦虑

如果承认焦虑是暂时的，尽最大努力接受焦虑的存在，你会发现用有趣的反直觉方法应对焦虑非常有效。

所以，应对焦虑需要采取不一样的方法，应用反向法则。你被争论叔叔缠住的时候，可以采取以下措施，以一种幽默或有些滑稽的方法来应对焦虑。

唱一首焦虑之歌。可以把自己的焦虑编成一首歌来唱。我在我的网站上做了示例，用悲伤的音调唱了关于惊恐障碍的歌。挑一个琅琅上口的曲调，编一首自己的焦虑之歌，唱出在生活的每个角落等着你的麻烦。

举个例子，下面是我第一首关于惊恐障碍的歌曲，用的是儿歌《康城赛马》（"Camptown Races"）的曲调。

我会疯掉，然后死掉

嘟嗒，嘟嗒

恐慌会一次次找上我

哦，嘟嗒嘀

我的脑袋轻飘飘

我的心脏整天狂跳

我怕我在商场里裸奔

嘟嗒，嘟嗒嘀

写一篇俳句。你如果不喜欢唱歌，可以写一篇俳句。俳句是日本传统的诗歌形式。正式的俳句需要注意的地方很多，但对我们来说，只需要关注最简单的一点就够了。

俳句是不押韵的三行诗。第一行有五个音节，第二行有七个音节，第三行有五个音节。你只需要写三行诗来描述你的焦虑就可以，不需要押韵。

假设你发现了一件让自己感到焦虑的事情，但是无法排解。你尝试过用理性说服自己，也尝试过分散自己的注意力。常用的停止思考焦虑的方法似乎不起作用。你还在和不存在的鱼斗争。这时就可以尝试俳句。

下面是我收到的两则俳句作品。

> 我此刻眩晕。
> 可能是要发疯了。
> 请帮我浇花。

> 我在飞机上。
> 一边发抖一边哭。
> 给我呕吐袋。

如果你认为俳句跟你有文化隔阂，也可以试着写写五行打油诗。

写一篇五行打油诗。你第一次读五行打油诗的时候可能年纪还很小。这种体裁要求第一行、第二行和第五行押韵，音节个数相同（通常是八或九个音节）；第三行和第四行押韵，音节个数相同（通常是五或六个音节）。这听起来很复杂，但实际上一点儿都不难。这样的结构正是五行打油诗的特色所在。五行打油诗通常以"从前有个"或"曾经有个"开头。

下面是五行打油诗的例子。

我来自辛辛那提那片

万一我变得疯疯癫癫

我脑子就毁了

别人说我疯了

朋友会对我指指点点

用外语表达焦虑。你学过某门外语吗？就算只会一些皮毛、语法不对也足够了。你可以用外语来表达焦虑。

俳句和五行打油诗一样，都没有改变焦虑的内容，而只是改变了表达焦虑的形式，但这样就能改变你应对焦虑的方式。你努力回想如何用德语表达"噎死"的时候，往往会得到不同的结果。

用夸张的外国腔表达焦虑。没错，这看起来是很蠢，但为什么不试一试呢？愚蠢的方法可以帮你更好地认识焦虑。你本来就不需要多尊重焦虑。

列出焦虑。写下你的长期焦虑。先写一份基础版的焦虑清单，写下经常困扰你的焦虑，等发现新焦虑后再补充。写好基础清单后，你就能养成一发现新焦虑就快速查看它是否在清单上的好习惯。如果不在，就补上。如果在，就不去理它，继续手头的事情。只要确定自己记录过这个焦虑，可以随时回来检查。现在不需要再思考这个问题了，因为它已经在你的清单上了。

这个清单配合第 10 章的练习使用会非常有效。

录下焦虑。你可以说出你的焦虑并用手机或其他电子设备录下来，目的是模仿焦虑时大脑中的状态。通常，你会多次重复"万一"的想法。

有几种方法可以做到这一点。第一种是简短录制一段以"万一"开头的表达焦虑的音频，30～60 秒即可。可以重复几遍，录满这段时间。之后，每天抽出一点儿时间 —— 10 分钟 —— 循环播放你的焦虑音频。这种做法就好像在他人感到焦虑时偷听他们脑中的想法一样。

我们总是担心，如果尝试了这个方法，焦虑可能会变得更明显，自己就再也无法停止焦虑了。但是，回想一下第 8 章介绍的 25 次重复法 —— 希望你已经完成了这个实验 —— 并根据你的结果继续下一步。做这个实验的时候，你几乎总能发现，重复的次数越多，焦虑通过情绪对你的打击和控制就越少。

你也可以录制一段比较长的内容，不过这次用的是和争论叔叔争辩的形式。你需要不断和焦虑辩论，尝试否定、缓解它或让它消音。在这场辩论中，你要分饰二角，既要扮演让你火冒三丈的争论叔叔，又要扮演说服你冷静的你自己。这段录音大概需要录制 30 分钟，之后找时间反复听一听。

和焦虑玩耍是否让你感到焦虑

这些建议或许完全不同于你曾经尝试过的方法。这些方法需要你接受焦虑，和它玩耍，而不是拒绝焦虑，对它如临大敌。

你如何看待顺应长期焦虑这种做法？

通常情况下，很多人一开始会感到紧张。这个方法对他们来说太冒险了，仿佛在铤而走险。他们相信，自己应该严肃认真地对待焦虑，把长期焦虑看作危险。第 11 章会详细论述这种看法。

如果你更容易对焦虑如临大敌，你可以使用 http://www.newharbinger.com/33186 上的焦虑日记。它是一份可以在陷入焦虑时使用的问卷。花一些时间来观察自己的焦虑，回答焦虑日记中提到的问题。这样做能训练你更好地观察自己的焦虑，帮你停止与焦虑争辩和对抗。如果公牛能冷静下来观察一下穿着红斗篷的斗牛士滑稽的样子，或许血淋淋的斗牛活动就不存在了。

焦虑日记非常有用。然而，我建议你也可以尝试更幽默、更有趣的应对方式，因为我认为从长期看，其他方法能带来更多好处。

什么时候第二步才算结束呢？不要一直反复顺应焦虑，指望它在这一步就自己结束，那就类似和争论叔叔陷入争吵了。相反，在尝试过顺应焦虑后就进入第三步。不要在意焦虑在现实生活中对你如影随形，要适应它的存在。

继续完成重要的事（必要时带着焦虑工作）

你如果检查过视力，或许知道在过程中，医生会不断调整镜片，问你："这片合适吗？还是这片更合适？"而你需要决定哪个镜片能让你看得更清楚。

陷入焦虑的时候，你面临相似的选择。这个选择是："停在焦虑的内心世界更好，还是面对现实生活更好？"

通常，面对现实生活是更好的选择。你感到焦虑和不适的时候，选择更重要、更有趣的事情对你来说才更好。不要浪费时间在内心世界纠结，尝试摆脱焦虑。面对现实生活之所以是更好的选择，并非因为这会立刻让你感觉变好——这种情况大概率不会发生。面对现实只是会带来更好的结果，利于你未来发展而已。

当我带一队害怕坐飞机的人去坐飞机的时候，总有一两个人在登机前受尽煎熬。他们站在门口，努力让自己接受坐飞机这件事，但总是冷静不下来，因此陷入了挣扎。

如果他们想立刻恢复正常状态，那么他们会选择立刻离开，回家。这样做自然立刻就会让他们感到舒适很多，但这个方法的效果并不持久。走到停车场的时候，他们就会开始后悔，在这一天的剩余时间里感觉糟糕透顶。而如果他们想象一下自己当天晚上而不是当下的感受，那么即使当下很害怕，他们还是会选择登机，因为等到回家后想起自己做到了这件事，他们会感觉很棒。

在面对焦虑时，你也面临着相似的选择。你很容易就认为自己应该多考虑一下焦虑想法，为缓解当下的感受而纠结于焦虑或与它争论，但这是个陷阱。你赢不了，因为这个游戏就是针对你的，就是专为容易上当受骗的人设计的。反向法则建议你采取相反的策略：去做其他事，让焦虑自己消散。

这和让自己忙起来，忙到忘了焦虑是两码事。让自己忙起来是停止思考焦虑的另一种表现形式，放在长期看是无效的。

像遛狗一样遛你的焦虑

你如果养狗，通常需要遛狗，除非你家够大，狗能在家里跑来跑去。有时你可能不想去遛狗 —— 可能因为天冷又下雪、忙着写书或者身体欠佳 —— 这些时候你就是不想去。但如果不让狗外出，它迟早会开始在家大小便。这无益于缓解你的头疼，对写作也没有任何帮助。而你出门遛狗的时候，狗也不会总是听你的话。有时它会飞速拽着你往前跑，有时又不肯走，你还得拽它。还有时，它打算吃不该吃的东西，或冲邻居狂叫。

这样的狗就如同你的焦虑。有时它会在你不想感到焦虑的时候出现，还有时它不会按你的想法来，但去遛狗总比不遛强。

或许你已经发现，你在忙碌的时候更不容易焦虑，无所事事的时候更容易焦虑。你活跃的时候焦虑消散得更快。因此，你需要把注意力和精力转移到现实生活中，这样才更有益。我指的并不是简单地让你自己忙起来。如果是这样，那就更像是尝试摆脱焦虑了。如果能够简单有效地摆脱这些想法，这样做也没什么大问题，但直接摆脱想法的方法通常会让这些想法更持久，而且越来越多。

焦虑就是这样的想法。参加晚宴有最佳时间，但生活中发生的事情可没有最佳时间。如果到了该参加晚宴的时候，你感到焦虑，那就把焦虑打包带在身边。没有焦虑你是否会更快乐？当然是的，但这个选项不太现实。躺在床上，独自沉浸在焦虑中是否会让你感到更舒服？可能不会。

继续做手头的事，你的焦虑可能会更快消散。如果你依然感到焦虑，至少在等待焦虑离开的过程中，你的生活在继续。

我们通常不赞成在焦虑的时候做任何事，理由是认为自己在不焦虑的时候能做得更好。同理，我们感到焦虑的时候经常想远离他人，担心其他人会注意到我们的状态，并感到反感。

这两种情况都是人类应对焦虑的本能反应，但都和真正有效的方法背道而驰。这两种方法都建议我们首先摆脱正在经历的焦虑，之后再处理现实生活中的事情。

然而在现实中，换个角度来解决问题更有效。积极参加现实世界中的活动有利于转移你的注意力和精力，那么你用来思考焦虑的注意力和精力就会减少。除此之外，处理现实生活中的事务时，你能获得更多实际的经验。而当你关注内心时，你能想象出任何不切实际的事。正是因此，你幻想出的焦虑几乎总比真实发生的事更糟糕——大脑中没有规则，任何事都会发生。在现实世界中，现实的规则不会让一些事发生。

本章小结

本章介绍了无论发生什么都能引导你应对长期焦虑的策略—— AHA，分为三个步骤。

● 承认：承认和接纳。

● 顺应：像迎合争论叔叔一样顺应焦虑想法。

● 行动：继续完成"现实生活"中重要的事（如有必要，可以定个把焦虑拿出来考虑的时间）。

在注意到焦虑后，要接受它的存在，迎合它。避免去本能地对抗焦虑，习惯接纳暂时性的焦虑状态。用有趣的方法应对焦虑。可以唱歌、写诗，或是对焦虑进行调侃，而不是立刻如临大敌。回到现实生活中，做一些有意义的事。接纳焦虑会伴随你生活的事实。

试试用上述方法应对焦虑，看看这些和你平时应对焦虑的方法相比效果如何。如果这些和你平时的做法相反，那就对了。你就走上了应用反向法则的正轨。

第 10 章将介绍几个常规步骤，你可以把它们加到日常行为中，以缓解长期焦虑。

THE
WORRY
TRICK

第 10 章

日常焦虑缓解训练

本章将介绍三种能帮助你缓解日常焦虑、慢慢弱化焦虑破坏力的日常训练方法。第一种是"焦虑时间"训练，第二种是呼吸训练，第三种是正念冥想训练。

要把训练当作维生素一样每天服用。这三种训练不是阿司匹林，也不是帮助你缓解某种不适或症状的具体药物。你需要定期进行训练，不是为了快速达到某种目的，而是为了你整体的健康考虑。

你如果尝试过第8章的实验，或许就会发现，当你刻意关注长期焦虑，而不是抗拒或回避它时，焦虑对情感产生的影响会减弱。我的客户经常反馈，刻意焦虑要比停止思考更有利于缓解焦虑。

他们往往对此感到惊讶，因为这实在是太 —— 你能猜到 —— 反直觉了。他们曾认为停止思考比刻意焦虑能更好地缓解焦虑，但事实证明，反直觉的方法才是对的。在应对长期焦虑的过程中，你会一次又一次发现这一点。反向法则是最佳指导方法之一。

第9章介绍了应对焦虑的快速方法。你面对烦人的长期焦虑时，可以用这些快速方法立刻做出反应。所有这些方法都体现了反向法则。有的可能看起来有些傻，但这并不是因为我傻，也不是因为我认为你傻，而是因为长期焦虑本身就是一件傻事。当你认真对待焦虑内容的时候，你就上当了，踏入了"汽油灭火"的陷阱。第9章介绍的方法都很有效，核心是"以火攻火"。我希望你已经尝试过这些方法，并选出了必要时可以使用的几种。

焦虑时间训练

假设你是公司一个中等规模的部门的经理。你有自己的工作要做，同时还要监管团队中每位成员的工作。你已经尝试过几种不同的方法来在与员工沟通和完成自己的工作之间达成平衡了。

你尝试过开着办公室的门办公，方便员工随时来找你。这个方法有利于加强你与员工之间的沟通，也便于他们提出建议，让你注意到需要关注的问题。但这也导致总有人来你办公室找你聊天、抱怨、求表扬，让你没有时间完成自己的工作。

于是，你又尝试了关着门办公的方法，想打消除了最执着的员工以外的人来办公室找你的念头。然而，这样做就导致越来越多的员工在你办公室门外聚集，无所事事地坐着，制造噪声，希望有机会吸引你的关注。胆大些的人甚至会敲你办公室的门，或者从门缝下给你递纸条。所有人的工作效率都会因此下滑。

在这种情况下，你或许需要尝试第三种方法——确定时间表，规定员工在哪个时间段可以来办公室找你，哪个时间段不能来打扰你，除非闻到你办公室传出烟雾的味道。你的门在一天中大部分时间都要关着，让你有时间完成工作。你会在规定的时间开门，让员工有机会找你沟通问题。我建议你和长期焦虑也建立这样的关系——定期会一会它们。

你或许更希望能彻底摆脱焦虑，但你现在或许也意识到，回避和抗拒焦虑只会让焦虑变本加厉。焦虑时间训练更能帮到你。焦虑时间适用于对你没有任何帮助的、持久又讨厌的焦虑，适用于无法体现你需要解决的问题，只会让你烦恼的"万一"型长期焦虑。完成第 8 章的实验时，你或许已经意识到了焦虑时间的特点——不抗拒焦虑的做法往往能缓解焦虑。

设置焦虑时间

焦虑时间是专门为焦虑留出的时间。你对这个概念或许感到陌生，因为这个概念不同于你的本能反应。这是一种"以火攻火"的方法。

"以火攻火"不只是一个比喻，而是控制森林火灾时实际会用到的消防管理方法。这个方法就是在快要失控的森林火灾蔓延的路上放一把可控的火，烧掉所有可燃物，阻止火势蔓延。当火蔓延到已经没有可燃物的区域，火势就会减小，因为已经没有可以烧的东西了。

对焦虑的抗拒就是导致焦虑蔓延的燃料。

给焦虑 10 分钟左右的时间。在这段时间里，你要全心沉浸在纯粹的焦虑之中。全心全意地面对焦虑，其他的什么都别想。不要做其他事情，比如开车、洗澡、吃饭、打扫卫生、发信息、听歌、坐火车。用整整 10 分钟时间焦虑让你焦虑的事情。在开始前，列一张焦虑清单，或使用第 9 章中列好的焦虑清单。这样你就有一个焦虑计划了。在此期间，不要尝试解决问题、安慰自己、最小化问题、放松、清空大脑、与自己辩论或其他任何缓解焦虑的事情。就用这段时间来焦虑，在此期间多次重复让你心情糟糕的"万一"句式。

起初，你会觉得这个方法似乎很奇怪。但如果你正在读这本书，这说明你可能经常会陷入焦虑。现在你有机会让焦虑为你所用了。

提前安排好焦虑时间，可以提前两天把它写在计划里。选一个能保证隐私的时间，确保在这段时间里不需要接听电话或开门，不需要和他人交谈，不需要照顾狗或孩子。最好能避开以下时间：早晨刚醒时、晚上睡觉前和饭后。

观察自己的焦虑

还要注意一个细节：在镜子前把焦虑大声说出来。

我知道，这可能是最特别的一点，但是不要跳过。这一点很重要。

以这种方式面对焦虑有利于你更好地观察焦虑。大多数焦虑都是下意识的。我们在同时进行多个任务时很容易感到焦虑。开车、参加讲座、洗澡、吃饭、看电视或者做其他不太需要集中注意力的事时，我们都会感到焦虑。我们几乎不会把所有注意力都放在焦虑上，这反而会让焦虑无限延续。

焦虑是在我们的潜意识中发生的，因此对我们的影响更大。我们都倾向于认为"如果焦虑是我的想法，那它一定有什么意义"。我们往往意识不到自己会思考各种无意义的事情 —— 我们的想法有时只是焦虑的表现，根本没有任何意义。

当你把焦虑大声说出来时，你不仅说出了焦虑，还听到了它。当你站在镜前说出焦虑时，你能看到自己焦虑时的表现。你的焦虑不只发生在头脑中。你同时听到和看到了焦虑时的自己。这时候，焦虑不再是发生在潜意识层面的行为了。这个方法能帮你更好地认识焦虑。

焦虑时间训练的目的是通过刻意设置，把焦虑从同时完成的多项任务之一变成单一任务。你只需要做一件事 —— 焦虑，而且要全神贯注地完成这件事。

焦虑时间的意义

大声说出焦虑并对其进行观察，从表面看是一件奇怪又讨厌的事。你需要一个不错的理由才能进行焦虑时间训练。

你现在就有一个理由。设置焦虑时间的好处体现在焦虑时间之外。你如果在"非焦虑时间"突然感到焦虑了，会面对两种选择：

1. 花 10 分钟时间完全投入焦虑。

2. 不要焦虑，等下次焦虑时间到了再焦虑。

这样做立刻能带来的好处是，你会获得推迟焦虑的能力。我的许多咨询者都发现，这样做能让他们一天中大多数时间都不感到焦虑。但是，只有当你确实设置了焦虑时间时，这个方法才有用。如果你尝试把焦虑推迟，但又清楚自己之后并不会为它留出时间，那么这种推迟就是无效的。所以，不要试图欺骗自己。

把焦虑推迟，从而在焦虑时间之外减少焦虑，或许已经足以成为你尝试焦虑时间训练的理由。但理由还有更多。定期进入焦虑时间有利于改变你对长期焦虑的看法。经常进行焦虑时间训练也有利于改变你对长期焦虑的本能反应，缓和你对焦虑想法的态度。

顺应焦虑通常比思考、劝说或改变脑内的焦虑更有效。焦虑时间正是一个很好的例子。要不要现在就试一试？拨出 10 分钟给焦虑，然后再回来读完本章。如果现在不是进入焦虑时间的好时机，就在这一页做个标记，然后继续阅读，今天晚些时候再找一个合适的时间和场所来完成焦虑时间训练。我建议你试一试。采取行动要比思考问题更有效。

对焦虑时间的常见反应

我的很多咨询者都有长期焦虑的问题，我会让他们使用焦虑时间这个方法。尝试过这个方法的人给出的很多反馈通常和你预期中的大相径庭。刚开始建议他们使用这个方法的时候，我以为会得到愤怒的反馈，担心他们认为我是个白痴，再也不会回来继续找我咨询，但我担心的事并没有发生。

咨询者最常见的反馈可能是对我说："天哪，我的焦虑填不满这10分钟！"起初，我对此感到困惑，因为他们有很多焦虑，几乎每天都在焦虑。既然如此，为什么他们的焦虑持续不了10分钟？我怀疑这是他们因为不想做焦虑时间训练而找的借口。

然而，当我和他们展开深入交流之后，我发现了原因。进入焦虑时间后，他们会在一开始焦虑一两分钟，然后就想不到其他需要焦虑的事情了。通常来说，下意识焦虑的时候，我们是在不断重复同一个焦虑，因此会焦虑很久。我们是在为一件事反复焦虑。

但在进入焦虑时间后，他们认为自己在这10分钟里需要思考不同的焦虑问题，不能重复。但他们想不出那么多不同的焦虑。

这就体现了长期焦虑很重要的一点。虽然我们一天中会花很多时间焦虑，但出现的新焦虑其实很少，而且几乎都是短暂焦虑的重复。因此，你的焦虑填不满10分钟的焦虑时间也是很正常的。

所以，做焦虑时间训练的时候，不要每次都关注是否有新的焦虑，只需要还原你平时焦虑的状态就可以 —— 不断重复同样的焦虑。如果你的焦虑只有2分钟，那就重复5次，刚好凑够10分钟。

你如果愿意，可以制造新的焦虑。我也可以把我的焦虑借给你。焦虑时间内的焦虑内容并没有你平时真实的焦虑内容重要。重要的是在10分钟内保持焦虑状态。

另一种常见的反馈是"我不确定焦虑时间内我的焦虑内容和我平时真实的焦虑内容是否完全一致"或"我觉得只在焦虑时间内

焦虑会让我遗漏一些内容"。当咨询者这样对我说的时候，我通常会告诉他们："好吧，那就尽你所能去焦虑！"当然，我这么说是在开玩笑，我们会继续深入讨论。这个反馈通常说明，咨询者对焦虑有些固定看法。他们并非有意识思考过，而是下意识认定了焦虑的"价值"，因此焦虑时间训练的确对他们对焦虑的看法产生了威胁。

这些看法包括"预想最坏结果有好处"和"焦虑说明我在乎"。认为焦虑在某种程度上有利于未来发展的人，在刚开始减少焦虑的时候会感到紧张，害怕焦虑如果不够多，会影响自己的未来。我将在第 11 章讨论这些看法。

焦虑时间训练需要坚持。我建议你在未来几天尝试几次。如果这个方法对你有效，那我希望你在接下来的两周中定期进行焦虑时间训练。两周后再评估一下这个方法，之后决定是否继续。

我发现大多数人都想尽快停止这种训练，比我建议的时间要早，这样做完全没问题。如果发现停止焦虑时间训练后长期焦虑卷土重来（这样的情况经常发生），他们可以随时重新开始，再进行几次练习。定期做焦虑时间训练或许不方便，也令人心烦，因此即使看到了主动焦虑的好处，我们还是想尽快抛弃这个方法。我认为如果能坚持几个月而不是短短几周，大多数人都能看到持久的效果。

做焦虑时间训练的好办法是记日志，列出焦虑时间的日期，每完成一次就写下自己的感受和反馈。

呼吸训练

呼吸常常受到焦虑和紧张的影响。一个最典型的例子就是在惊恐发作时，人会有喘不上气甚至窒息的感觉。惊恐并不会让人窒息——没人会因为惊恐而窒息——但惊恐的人对不顺畅的呼吸过程的体验，导致他开始担心会发生灾难。长期焦虑者的呼吸问题没有这么夸张，但也足够令人烦恼和不适，通常会出现头昏眼花、肢体末端麻痹或刺痛、不能完整呼吸、有紧张和沉重感、有眩晕感、心率加快等症状。

这些症状并不危险，但会吸引你的注意力，让你难以应对焦虑。因此，我发现进行呼吸训练很有必要。呼吸训练的目的不是控制呼吸，而是让呼吸顺畅，从而让你把注意力集中在真正重要的事情——应对长期焦虑上。

你或许尝试过深呼吸，但是没有见效。没有成功的原因是，很多对深呼吸的描述都不够完整。你会听别人描述或者从书上看到需要"做深呼吸"，但如果你和大多数人一样，这个建议对你的效果很有限。这个建议本身不错，但是不够全面。它没有告诉你该如何深呼吸。好的呼吸训练应该告诉你具体怎么做。接下来，我会教你深呼吸的方法。深呼吸的关键是，如果你觉得自己喘不过气，那是因为你忘了一件事：你忘了呼气。

没错，在做深吸之前，你需要先呼气。为什么？因为在吸气短而浅的时候（只用胸腔吸气），你想立刻转换为深吸是非常困难的。

你很可能只是用胸腔做了一次更费力的浅吸。你虽然吸入了所需的空气，但这不会让你感觉舒服。

现在你来试一试，就明白我的意思了。一只手放在胸口，另一只手放在腹部。用手来感受呼吸时用到了哪些肌肉。用胸腔完成几次浅呼吸，之后尝试一次深呼吸。我认为你会发现，浅呼吸时，你使用的还是胸部肌肉，而不是横膈膜或腹肌。而深呼吸才需要用到腹肌。

浅呼吸的时候，你得到了维持生命所需的所有氧气，但同时出现的其他生理现象会让你感到不适。你的胸口可能会感到疼痛或沉重，因为浅呼吸会导致胸肌紧绷，从而产生不适感。你可能会感到头昏眼花，因为浅呼吸会导致类似换气过度的症状。你的心跳可能也会加快，肢体末端会出现麻痹或刺痛的症状。

这些都是短而浅的呼吸带来的后果。

在应对长期焦虑的过程中，呼吸实际上是种次要活动。应对长期焦虑最重要的方法就是使用本书中的技巧，为人与焦虑建立新的关系。然而，深呼吸 ——腹式呼吸能帮你在学习换一种方法看待焦虑的过程中控制焦虑的生理症状。因此，在感到有需要的时候，可以有规律地采取腹式呼吸法（但不要对抗焦虑）。

腹式呼吸训练

1. 一手放在腹部，另一手放在胸骨上。可以把手当作简单的生物反馈设备。手会告诉你，你在用身体的哪一部分、哪些肌肉呼吸。

2. 张开嘴，平缓地呼气，就好像有人刚刚告诉了你一件令人恼火的事情。呼气的同时，放松肩膀和上身肌肉。呼气的目的不是彻底清空肺部气体，而是放松上身肌肉。

3. 闭上嘴，休息几秒。

4. 保持双唇紧闭，慢慢用鼻腔吸气，扩张腹部。腹部扩张要先于吸气不到一秒的时间，因为这一动作的目的是把空气吸入体内。在感觉舒服的范围内吸入尽可能多的空气，然后停止。吸气环节结束。

5. 休息一下。休息多久？时长由你自己决定。我不会告诉你具体要数几个数，因为每个人数数的速度不同，肺的大小也不同。休息到你感到舒服为止。但要注意，腹式呼吸吸入的空气量要大于普通呼吸吸入的。因此，必须保证呼吸的速度比平时慢。平时，我们吸入的空气量小、呼吸浅，但如果腹式呼吸的频率和平时相同，你可能会因为过度呼吸而头晕，还会开始打哈欠。二者都不会影响健康，只是会提醒你要放慢呼吸速度。一定要放慢！

6. 张开嘴。收腹，用嘴呼气。

7. 休息一下。

8. 继续重复 4 至 7。

现在你来花几分钟尝试一下腹式呼吸训练。

用你的手做向导。手会告诉你，你的呼吸是否正确。呼吸时哪些肌肉在活动？如果你希望用腹部呼吸，那么身体上半部分就要相对静止。如果你发现胸肌在运动，或者头和肩在向上移动，那就从第一步重新开始。要学会用腹部呼吸。

刚开始的时候，你或许会感到别扭和困难，因为对焦虑者来说，短促的浅呼吸是多年来的习惯。不要被这一点影响。长期养成的习惯仅仅意味着你需要更有耐心地坚持练习。呼吸方式是一种习惯，养成新习惯的最佳方式是对其反复练习。

其实深呼吸对你来说并不是新习惯。在婴儿和儿童期时，你一直是这样呼吸的。事实上，你如果想见识世界顶级的腹式呼吸大师，可以去任何新生儿病房看刚出生的小宝宝。他们完全不会用胸腔，而只用腹部呼吸 —— 吸气时肚子会鼓起来，呼气时肚子会瘪下去。婴儿不像成人这样用胸腔呼吸。

腹式呼吸困难解决方案

● 如果在把用胸腔呼吸转变为用腹部呼吸的过程中遇到了困难，那就先单独练习对腹部肌肉的使用。双手交叉放在腹部，通过按压让它起伏，在此过程中不要呼吸。熟练之后，再配合呼吸进行按压。

● 采用不同的姿势。你可能会发现，后背靠在椅子上坐着，或身体前倾、前臂撑在大腿上，比坐直身体更有利于呼吸。

● 平躺。在胸口放一本厚书或其他物品，便于在呼吸时全神贯注地使用腹肌。

● 俯卧，同时在腹部垫一个枕头，压迫腹部。

● 站在全身镜前练习呼吸，并观察自己的呼吸。

● 如果因为过敏或其他原因不能舒适地用鼻腔呼吸，那就用嘴呼吸。这时候，为了避免大口呼吸，你需要更缓慢地吸气。

当你在呼吸时感到更放松、更舒适，这说明你已经掌握了腹式呼吸的新方法。

养成习惯

应该多久练习一次腹式呼吸？要尽可能频繁，每次 1 分钟左右，坚持 2 周。

练习腹式呼吸的时候，第一件事是注意你一直以来习惯的呼吸方式。在继续做手头上的事情的同时，呼气，再转换成腹式呼吸，坚持 1 分钟左右。不要打断你正在做的事情。好的呼吸方式应该是可以随时随地进行的。

如果你有一套提醒自己练习腹式呼吸的体系就再好不过了。你可以使用下面的体系：

● 清醒的时候，每小时练习一次。
● 使用普通、常见的声音来提醒自己练习。比如，可以在以下时刻练习：

> ➤ 狗叫的时候
> ➤ 汽车鸣笛的时候

> ➤ 手机响的时候

> ➤ 有人路过你办公室的时候

> ➤ 孩子把水瓶掉在地上的时候

> ➤ 收到消息的时候

● 在家里、办公室或其他地方贴满便利贴来提醒自己。

● 在手指上缠一条线绳来提醒自己。

● 把手表戴在平时不习惯戴表的那只手上，每次注意到这一点的时候就练习一次。

● 在表或手机上设置定时提醒。

坚持两周，你便能更好地改变自己的呼吸方式。

深呼吸几次才够

人们总是问我，是不是需要一直深呼吸。

答案是否定的。

你只需要定期练习腹式呼吸，时间也不用很长。你要做的是把这个方法加入你应对焦虑的本能反应中。焦虑时间训练和后文中的正念冥想是每天都要做的。腹式呼吸训练则应该在需要的时候进行。长此以往，我认为腹式呼吸会成为你的新习惯，你使用腹式呼吸的次数也会增多。但你也可以通过上述建议，自然而然养成腹式呼吸的习惯。

腹式呼吸并非万能药

一些心理学家和卫生健康专家认为，专业的心理咨询师不应该教咨询者腹式呼吸，因为这会让他们把腹式呼吸当作万能药和救命稻草，像使用其他对抗焦虑的方法那样滥用它。

这种观点有一定道理。

但是，我还是觉得让大多数有焦虑问题的咨询者掌握这个方法是有用的，因为他们中大多数人的呼吸方式都有问题，会让焦虑导致更严重的生理症状。这些症状会让他们更加焦虑，影响他们应对焦虑的能力。但要记住，腹式呼吸最大的好处是帮你把注意力从对窒息和其他身体不适的不切实际的担忧上转移。腹式呼吸不会帮你避免健康方面的问题，因为浅呼吸并不会引起严重的健康问题。你并没有陷入危险之中，自然也不会因为腹式呼吸而得救。

正念冥想训练

不习惯冥想的人误以为冥想需要内心的宁静。大脑要保持安静，不能让任何想法打破内心的宁静。他们偶尔会"尝试"冥想，但如果没有获得内心的宁静，就会感到沮丧。

但至少对大多数人来说，冥想并非如此。修道院里的僧侣每天会花很长时间来冥想，或许会因此获得内心长久的宁静。但是，我们中的大多数人在开始冥想和寻求内心宁静的时候总会发现有些侵入性想法不请自来。因此，对我们来说，冥想的本质是注意并被动观察我们坐下来追寻内心宁静时产生的一切不宁静的想法。

正念冥想更是如此。这种冥想方式需要我们被动观察想法的出现和消散，同时还要专注于呼吸这类基本活动。不要尝试和自己的想法辩论，也不要驱赶自己的想法。你要做的就是观察，仅此而已。

几年前，我参加了在一场论坛中举办的冥想练习班。练习班的房间紧挨着另一个研讨会的会场，而那位主持人嗓门很大。我试图跟上冥想主持人的声音，但反而把隔壁主持人说的每句话听得一清二楚。我把注意力放在我的呼吸上，但同时一直在想：这个安排太愚蠢了。这些想法干扰着我的冥想。我在思考那位主持人（他跟我还有私交）讲的内容，甚至开始生他的气。我也开始生冥想主持人的气，因为他让我们在这么吵的环境里冥想。我还开始生会议赞助商的气，因为他们选的场所隔音太差。我坐在那里，双眼紧闭，看起来似乎很沉静，像在深思，但我心里有无数念头，感到非常愤怒。我"努力"冥想，但同时不满的想法越来越多，声音越来越大。在对研讨会、练习班、赞助商、场地做了一圈批判之后，我又开始批判自己，问自己：你为什么不能坐在这儿好好放松？我其实想站起来离开，但我又注意到了自己的另一个想法：你就是这样的人。这个简单的想法让我意识到自己的缺点，也接受了它们。我继续观察着我的想法。这就是冥想。

我在这里介绍的是能够改变人与长期焦虑关系的简单的正念冥

想。有些读者或许对冥想很感兴趣，会去了解更多有关冥想的内容，学习冥想，把冥想融入生活。这样就再好不过了。冥想有很多好处。而对一般人来说，简单的基础冥想就足够了。

想不想试一试？

你是否立刻发现，在开始尝试冥想前，你脑中出现了拖延或为"再想想"找的借口？这很常见。告诉自己，这些想法只是想法，不要被它们的具体内容牵动情绪。换言之，你可以在抱着"等一个合适时机再去冥想"的念头的同时立刻开始冥想。你的想法不需要影响到你的行为。没人说你必须出色地完成冥想任务，或挑一个完美的时机去冥想。这只是一次尝试而已。

什么，你的确需要等一个好时机？比如，你现在在火车上，或者在医院的候诊室？你现在正感到头疼，或许下次会做得更好？你现在太焦躁、太疲惫或是太饿了？这些想法自有其道理，它们的存在也是很正常的，但不会影响你冥想。你可以说"虽然这样，但我还是可以"，而不是"既然这样，那就没办法了"。

正念冥想训练

1. 找一个能让你在 5～10 分钟内不被打扰的地方，用一个舒服的姿势安静坐好。

2. 花一两分钟放松，坐直，将注意力集中在你的想法和感受上。你如果愿意，可以闭眼，这样或许效果更好。

3. 把注意力浅浅地放在呼吸上。注意你是如何吸气和呼气的。

注意气流是如何穿过鼻腔、喉咙和肺部的。注意腹部起伏时的感受。把你的注意力逐步集中在这些感受上，慢慢把它从房间里的环境和声音上移开。你如果不想关注自己的呼吸，关注风扇的声音或其他类似的事物也有一样的效果。

4. 你或许可以体验片刻的宁静，并能够把注意力浅浅地放在这种时刻上。但是迟早，而且通常很快，你内心的平静就会被主动出现的想法打破。你只需要注意到这些想法，而不用过度关注并批判它们。如果被想法打断或分神，你只需要等待注意力自己回来就可以。对大多数人来说，冥想的目的并不是实现内心的平静。在冥想中，你在寻求内心平静的同时也要注意到打断这种平静的念头。

5. 恼人的想法会想方设法吸引你的注意力。注意一下它们吸引你注意力的形式。这些想法不仅仅是焦虑，还有评价、批判、愤怒、悔恨，等等。

6. 冥想时，对待突然出现的想法，要像对待落在挡风玻璃上的雨滴和雪花一样。雨滴和雪花会暂时吸引你的注意力，而当它们被雨刷器清理干净之后，还会有更多的雨滴和雪花落下。你不需要关注每一片雪花就会知道下了很大的雪。同理，你也不需要关注脑海里出现的每一个想法，而自然会注意到来来去去的想法中包含着大量的焦虑、评价、批判等内容。你只需要注意想法什么时候来、什么时候走就够了。

做完这些，你就完成了冥想。

你说什么？你没有感到更平静？没关系。你刚完成一组卷腹运动后，腹部也不会立刻变得坚硬。但是，随着日积月累的重复练习，你就会慢慢看到变化。

你是否因为想法阻碍你获得内心平静而感到烦躁？没关系。记住，冥想是观察想法，例如它们如何出现、如何打破宁静的被动过程。就算你察觉了烦躁的反应或抗拒的冲动，只要注意到这些想法的来去就够了。

你是否觉得在冥想中一无所获？没关系。冥想只是一个简单的入门，目的是让你体验"无为"，并把想法仅仅当成想法而非重要的信息或警告，做简单的观察。如果你习惯认真、严肃地对待自然产生的想法，那么觉得自己什么都没做成也是很正常的。

你睡着了？好吧，这是个问题。睡着的时候是无法冥想的。或许你需要在冥想的时候换一把椅子，比如一把不会让你睡着的椅子。你也可以坐在地上，后背靠墙。

养成习惯

多练练冥想怎么样？每天留出 5～10 分钟时间重复这些步骤。就用这段时间完成冥想。你或许会发现内心产生了认为自己冥想做得好或差的想法。和其他人一样，你也会注意到这些想法的来去。你只需要重复这些步骤，慢慢养成这个习惯。当你习惯了冥想练习之后，每天坚持的时间可以加长到 10～20 分钟。

生活中的很多活动是我们主动进行的，因此我们很容易忘记的一点是，也要允许一些事情自然发生。长期焦虑者容易认为自己需要控制自己的想法，只保留想要的想法，而要消除自然产生的那些想法。这样的做法通常不会见效。

每日冥想训练的好处是，它能让你更好、更客观地观察自己的想法。长此以往，你就会越来越擅长观察自己的想法，同时不再纠结它们的内容。

长期焦虑患者有时迟迟不敢尝试冥想，因为他们认为冥想会让自己产生更糟糕的想法，并与这些想法纠缠不休。然而，我的经验是，冥想的效果恰恰是相反的。冥想通常能让我们更加包容，让我们接纳脑海里出现的任何想法。

这就是反向法则的效果。

本章小结

本章介绍了三种能帮你缓解日常焦虑的训练。这三种训练是让人与长期焦虑的关系更加平衡的基础。回顾一下这些训练。

THE
WORRY
TRICK

第 11 章

焦虑寄生虫

长期焦虑就像寄生虫，不断消耗宿主（就是你！）的时间和精力来制造和维持焦虑，阻碍你追求现实生活中的希望和梦想。本章将介绍焦虑是如何在你身上寄生的，同时帮你找到解除这种模式的方法。

但是，首先，我要讲一种寄生扁虫的故事。它的学名叫"绿带彩蚴吸虫"。

好吧，我知道，我家人也不是特别喜欢这个故事。但我认为读过这个故事之后，你就能更好地理解问题的核心是什么，也能明白焦虑设下的陷阱是怎样运作的了。

寄生虫如何控制蜗牛

这种寄生扁虫是一种微生物，常见于琥珀蜗牛体内。扁虫一生中大部分时间都生活在蜗牛体内，但到了繁殖期，它只能在鸟类腹中完成这项任务，因为那里才有最适宜的环境。在鸟类腹中，扁虫会以鸟摄入的食物为生，同时在这个对它安全的环境中产卵，繁殖出新一代寄生虫。虫卵会随鸟粪排出，重新回到地面上。

既然这种扁虫一生中大部分时间都生活在岩石和树叶下蠕动的

蜗牛体内，那么你一定会好奇，它是如何进入鸟类腹中的？

琥珀蜗牛喜欢吃鸟粪。如果鸟粪里有寄生虫卵，这些扁虫就会在蜗牛体内孵化，开始它们邪恶的精神控制计划。

扁虫做的第一件事就是寻找蜗牛的大脑——这就好比你在家里找一个不知道放在哪里的小物件一样困难。但扁虫能成功找到蜗牛的大脑，并向其中注入一种化学物质——一种激素或神经递质。

扁虫注入蜗牛大脑的化学物质会导致蜗牛行为变异。蜗牛不再以"蜗牛的速度"前进，而是爬得飞快。所有有利于寄生虫生存的活动都得到了增加，而有利于蜗牛自身的活动都被省略或大幅削减了。蜗牛不再去寻找其他蜗牛交配。它只专注于快速移动，寻找食物。

但改变不止于此。现在，在扁虫的影响下，蜗牛对生活有了全新的看法。

琥珀蜗牛能改变体表的颜色。通常情况下，蜗牛喜欢用沉闷、乏味的颜色，比如不同色调的棕褐。这系列颜色能让它完美地融入环境中，躲开捕食者。但是现在，蜗牛"心想"："我一直想要彩色的眼柄！"于是它就把眼柄变成了明亮的彩色，同时扁虫趁机进入了眼柄。通常，蜗牛能自由收回眼柄，但当扁虫进入眼柄，把眼柄撑大，蜗牛便无法收回眼柄了。扁虫在色彩明亮的眼柄里跳动，让它们动来动去，像蠕动的毛虫一样四处"看世界"。（你可以搜索"绿带彩蚴吸虫"来看看视频。）

在扁虫的不断影响下，蜗牛现在的"想法"是："我想做日光浴很久了！"于是，此前一直喜欢待在黑暗和阴影中的蜗牛爬到树上晒太阳，展示它鲜艳的、毛虫一样的眼柄。

接下来的事情你一定猜到了：眼柄被鸟吃掉，扁虫因此进入了鸟腹。一般来说，鸟类是不吃蜗牛的，但蜗牛像毛虫一样的眼柄过于显眼，于是鸟会把眼柄啄下来做一顿美餐，而蜗牛会重新长出一副眼柄来。这样的事在蜗牛剩下的生命中不断重复。它变成了一只僵尸蜗牛，变成了更多扁虫的宿主。

也就是说，扁虫掌控并改变了蜗牛的自我照顾机制。蜗牛此时的行为都是为了进一步实现对扁虫有利的目标，而不再是为了自身的利益。

长期焦虑也是如此。它操纵了你的自我照顾机制，让你沉浸在它的影响下，忽略了自己的计划、梦想、希望和期待。长期焦虑就是这么阴险的寄生虫。这样一来，焦虑成了你生活的重心，你的工作、人际关系、兴趣和聪明才智等让人生有意义的事情都不再重要。

焦虑如何操控你的生活

焦虑如何操控你的生活？你该怎么做才能将焦虑赶出你的生活，重新掌控自己的时间和精力？

当你回忆自己花费了多少时间和精力来焦虑和用第 3 章中介绍过的手段来对抗焦虑时，你或许会意识到自己的生活已经被焦虑侵占。你现在用来焦虑和对抗焦虑的时间和精力以前是用在哪里的？

作为父母、伴侣、朋友、邻居、员工，或许你过去确实花时间和精力做了很多重要的事。以前，你对一切充满兴趣、热情和雄心壮志，可能在没有如今这样严重的焦虑的情况下取得了不少成就。

你过去也不是一点儿都不焦虑。你当然也会焦虑，因为每个人都多少会有些焦虑。但当时，你可能会继续完成手头上重要的事。即使害怕演讲，你也会在家长会上或其他公开场合发表演讲；即使担心迷路或感觉无所适从，你还是会去陌生的地方度假；即使不确定卖掉自己的房子、搬到另一个地方是否利大于弊，你还是会尝试这么做；即使有些担心会查出问题，你还是会定期体检；即使害怕面试，也不确定现在是不是换工作的好时机，你还是会去投简历。

焦虑的寄生虫效应

当你陷入长期焦虑时，它不仅会影响你内心的平静，还会让你的思考和行为方式发生系统性的改变，就像寄生扁虫改变蜗牛的行为一样。这些改变不会改善你的价值观，提高你的期待，而只会加剧焦虑，就像蜗牛体内的改变有利于达成寄生虫的目的而非蜗牛的目的一样。

长期焦虑让你把大部分时间、注意力和精力都放在了焦虑上，从而忽视了生活。长期焦虑导致你花费更多的时间关注"脑袋里的念头"，试图按照自己的意愿掌控它们。这导致你一直在与焦虑斗争、周旋，而没有回到现实生活中好好生活，没有尽力成为一位好的家长、朋友、员工、邻居或你想成为的任何角色。焦虑让你把时间和精力都花在它身上，与它斗争，因此你没有时间成为你想成为的人，也没有时间过上你想要的生活。

焦虑操控始于某些观念

长期焦虑是如何操控你的日常生活的？寄生虫对蜗牛的操控始于虫卵进入蜗牛体内的这一步。焦虑对你的操控则始于你对焦虑产生某些观念的时候。这些观念或许是在你童年早期初具雏形，并在长期生活中发展而成的。通常，你几乎注意不到这些观念，也不会对它们有任何反思，但它们对你的思维和行为方式产生了巨大影响。它们之所以这么强大，就是因为你几乎注意不到它们，也不会对它们进行反思。于是这些观念就像植入你脑中的暗示，对你产生了潜移默化的巨大影响。

讽刺的是，这些观念都认为焦虑是有价值的。这听起来也许很可笑，毕竟人人都觉得焦虑是没有用的。我们意识到焦虑不仅无用，而且分走了我们的时间和精力，这难道不正是长期焦虑患者想要对抗焦虑的原因吗？但是，事情并不是这么简单。如果你认真思考自己应对焦虑的方式，我认为你会发现，哪怕自己关于焦虑的表达和想法都在强调它的无意义，你的行为却表现得好像它有重要的价值和力量似的。

通常，我们不会向他人传播这些观念，也不会直接对它们进行反思。大多数人不会建议别人焦虑，你也不会。当你第一眼看到下列观念的时候，你可能会认为你的世界里它们并不存在，但是请你好好想一想它们是不是已经深入你的潜意识了。

做最坏打算有好处

我和许多有这种想法的人沟通过。对他们来说，做好最坏的打算，他们就不会被突如其来的坏事杀个措手不及了。对他们来说，焦虑是对将来会发生的坏事的预演。他们想象并预演着坏事来临时自己要说的话、会经历的场景、可能的反应，在坏事没发生时就已经感受到痛苦。他们认为在预演以后，万一将来发生坏事，自己就不会感到那么痛苦了。仿佛焦虑是对抗未来痛苦的疫苗。

受这种看法影响的人通常不希望自己变得乐观。他们对乐观主义持怀疑态度，因为他们认为宇宙或上天是"公平的"，如果他们平时总是感到乐观，上天就会让坏事降临在他们身上，以达成平衡。这一点有迷信的成分在。就像说完愿望后要敲敲桌子一样，他们希望能以此避免坏事发生在自己身上。

他们也认为上天或宇宙可能会在他们感到消极的时候给他们一点儿甜头。他们通常把"做最坏打算"当成为坏事做的准备，是一种为了交好运而预先付出代价的行为。

需要考虑的问题

在做出乐观的预测或产生乐观想法的时候，你是否觉得有些不安？

你是否曾觉得自己应该做些什么来"抵消"这些想法？就像习惯在说完愿望后敲桌子的美国人那样。

你是否曾因为预先考虑过父母离世或失业等问题，在这些坏事真的发生时没有感到情绪上的痛苦？

你是否经历过预料之外的艰难时刻？你是否能在没有预先焦虑的情况下应对情绪上的痛苦？

你是否曾对某些事特别焦虑，但它们从未发生过？（你是否觉得"它们只是还没发生，迟早要发生的想法"？）你担心的事情最终有多少真的发生了？

实验时间

试试下面这些乐观的想法，看看是否会导致坏事发生，或者看看保持乐观想法是否会让你感到不安。

> 我的孩子这周每一天都会快乐和健康，不会出任何问题。
> 我知道我很健康，不会得任何疾病。
> 我所有的朋友和亲戚本周都不会受伤。

花几分钟时间考虑一下这些念头，看看自己对它们有什么感觉。如果这些念头让你觉得不适，可能是因为你在某种程度上持有"做最坏打算有好处"的观念。

我的焦虑能影响未来

当你被这个观念影响的时候，在你眼里，似乎简单的焦虑就能改变未来，仿佛焦虑能阻止坏事发生。我在这里指的不是想法引导你采取行动以影响未来的情况。我指的是我们把焦虑本身看作能影响未来的因素。

这个看法让焦虑看起来像一把双刃剑。一方面，如果你的担心是"正确的"，焦虑或许能帮你阻止坏事的发生。另一方面，如果你没有这些正确的担心，这可能会导致坏事发生。你如何确定哪些担心是"正确的"？这个想法绝对会让焦虑看起来很重要。

现在，如果这个观念是对的，那就没有哪个国家需要在军备上花数万亿了 —— 我们可以组织民众，让大家一起为战争而焦虑。我们要招募焦虑的人，而不再需要征兵了。但之后我们要担心的事情可能变成了这样做到底是阻止还是引发了战争。

令人难以置信的是，很多人都有这个观念。他们发现自己在焦虑减少之后会感到紧张，仿佛自己付出的代价变少了，需要立刻补上。

需要考虑的问题

你是否注意到自己已经不再对曾让你非常焦虑的事情感到焦虑了？

你是否会因此感到不安？

你是否觉得自己没有尽到责任，就像没有完成任务一样？

你是否认为自己应该继续焦虑，是否继续焦虑了？

实验时间

尝试为几件坏事焦虑，看看你能否让下周生活顺利。

万一股市崩盘怎么办？

万一飞机失事怎么办？

万一我的城市疫情暴发怎么办？

万一我的狗死了怎么办？

如果发生了我没有担心过的事，我会感到自责

持有这种观念的人会把焦虑当作一种责任，甚至是一种有益的行为。如果你推卸这份责任，坏事就会发生。这就是你的错了。

如果确实有需要你做的事（比如浇花），但你没有做到（并导致植物枯死），这才是你的错。但是焦虑和行动之间有很大的差别。

需要考虑的问题

这个观念是否导致了你的焦虑？

你是否因为发生了坏事而你没有提前为其焦虑过而感到自责？

你是否对因此受伤或受到影响的人道歉了？你是否弥补了自己的过错？

你能否原谅自己？

焦虑说明我在乎

这个观念的普遍性令人惊讶。这说明我们经常认识不到想法和行为之间的差别。

如果你有孩子，你可能希望自己做一个贴心的家长，也希望你的家人和朋友认为你对孩子足够关心。评判父母是否贴心的最好的方法可能只有一个，那就是看行动。父母是否试着满足孩子的生理和心理需求了？父母是否努力寻求给孩子提供支持和鼓励孩子独立自主之间的平衡？父母是否不怕困难，在孩子每个不同的发展阶段都努力和孩子沟通？

父母对孩子的关心表现在行动上。然而，在我们的文化中，我们往往觉得焦虑是有意义的。很多人都会条件反射般地认为，焦虑就是关心的表现。

需要考虑的问题

如果有人告诉你，一位邻居从来不为他的孩子焦虑，你觉得这是好事还是坏事？

你希望别人认为你从来不为自己的孩子焦虑吗？

如果一位对你而言很重要的人对你说："我觉得你从来不为我焦虑。"你觉得这是埋怨还是夸奖？

任何想法都很重要

看重一切想法并认为自己的想法更明智、重要，是人性的弱点，是一种虚荣的表现。我们的想法是大脑产生的，因此我们如果想评估自己的想法，就必须回到产生这个想法的器官看看。怪不得我们总认为想法很重要。

如果有一首歌曾在你的脑海里盘旋，你就会知道某些想法，比如歌词，即使一点儿都不重要，还是会在脑中挥之不去。

当你预料到和某人的对话困难重重的时候 —— 比如向老板提加薪或向邻居投诉他的狗很吵 —— 你可能会先自己在脑海里反复排练将要发生的对话。

需要考虑的想法

这些想法有多少成真了？你预想中的对话有多少真实发生了？

我要对我的想法负责

你如果能选择自己的想法，尤其是选择剔除哪些想法，那么对自己的想法负责这个目标或许有一定价值。当然，如果你能选择自己的想法，如果你的想法确实对你爱的人和事产生了消极影响，你就要好好选择一番自己的想法了。

需要考虑的想法

你的想法是否影响到了你身边的人？

你能否控制自己的想法？

你能否想象一面不是红色、不是白色也不是蓝色的旗子？

我认为你会发现，当你思考这些问题的时候，你的想法对其他人没有任何影响，除非你选择把你的想法告诉他人。即便如此，和他人分享想法的影响也是你无法预测的。

你会发现，就算你的大脑在专注地解字谜或计算税额，也会有某些念头突然闯入你的脑海，哪怕你并不希望它们出现。

你对自己想法的观念

列一份清单，写出你对焦虑的观念。这样做让你有机会决定你想如何看待这些观念。你是否想继续按照这些观念来采取行动？你是否想利用这些观念？反向法则会建议你如何应对这些观念？

本章小结

长期焦虑会慢慢地、不知不觉地寄生在你的想法和生活中，控制你对生活的希望和梦想，把你变成一个焦虑者，让你无法过上理想中的生活。识别这些看法、应用反向法则能帮你像杀死寄生虫那样夺回主权。

THE
WORRY
TRICK

第 12 章

跳出秘密的陷阱

当你持续和长期焦虑斗争时，你可能常常会因为朋友或爱人"理解不了"这个问题而感到沮丧。通常，他们给出的方法特别简单，不外乎是"不要这么焦虑"或暗示焦虑是你的问题。他们可能真的不知道该怎么帮你。有时，他们会说他们认为你想听到的话，希望帮你冷静下来；其他时候，他们根本不愿意讨论这个问题。本章将介绍帮你改善和焦虑的长期关系的有效方法。

你是否独自焦虑

谁知道你有长期焦虑的问题？他们对此了解多少？

如果你和大部分长期焦虑者一样，可能有很多原因导致你没有和太多人说过这个问题。你可能觉得尴尬，认为如果别人知道你有焦虑问题，他们可能会失去对你的尊敬。你可能不希望别人担心你。你可能害怕把这件事说出口，觉得这会让问题变得更糟糕。你可能认为承认焦虑问题也许会把它变成一个更大的问题。你可能觉得如果别人知道你有焦虑问题，他们会不停地问你现在是否焦虑，这反而会引发你的焦虑。

在本章后半部分，我们会继续讨论这个问题。首先，我想把注意力转移到对焦虑开诚布公这种做法的重要性上。很多焦虑或焦躁的人都会对自己焦虑的情况讳莫如深。我如果想对一个问题保密，这说明了什么？我们遇到什么问题的时候会选择保密？

在你考虑这个问题时，我来讲述一个对自己的焦虑守口如瓶的例子。艾伦（化名）的焦虑是被某些有害物质感染。他担心的不是自己会受到感染或因为不小心而导致传染。他担心的是，万一他人被感染的时候自己在场，却要么没注意到，要么注意到了但没能采取有效行动保护他们，该怎么办？他害怕的是自己因为没能保护他人、导致他人被感染而产生的负罪感。

哪怕在他自己看来，这种担心都过于不可理喻了，但是他无法确保这件事绝对不会发生；与此同时，他认为自己需要确保身边人不受到伤害。他告诉我，某天晚上，他去参加派对，注意到大酒碗旁边的一个一次性纸杯有被污染的危险。他努力穿过房间，挡在大酒碗前，这样别人就看不到他在干什么了。他把手背在身后，用手指数着那一摞纸杯，找出他认为被污染的杯子，将它移开。他偷偷在手里把纸杯捏成一团，放到口袋里，等待把它安全处理掉的时机。

艾伦讲完这个故事后，我肯定了他的意图：他想保护他人，不让他们接触被污染的杯子。我问他，为什么不直接走到大酒碗前，告诉所有人有一个杯子被污染了，在大家面前把那个杯子丢掉。

艾伦笑了。他说："那太丢人了！那些杯子可能根本没有任何问题！"

这个例子说明了焦虑者为什么不想把自己的焦虑告诉别人。我们的焦虑通常有些荒谬的因素，令我们羞于在人前展示它，而是会对它遮遮掩掩。

保守秘密

这一点和你的情况相符吗？你是否发现自己不想把焦虑告诉别人，是因为你的焦虑有些荒谬的、说不通的地方？如果你也有这种情况，那么对把焦虑告诉别人的抗拒能提醒你，你的焦虑其实是很滑稽的，和我们在第 6 章分析过的焦虑句式一样，是另一种形式的"让我们假装会发生这件坏事"。

当你发现自己想要隐藏焦虑时，这其实标志着你感到紧张。你焦虑是因为紧张，而不是因为你在现实生活中正面临某些真正的问题。

你或许宁愿自己注意不到紧张情绪，但这种意识其实对你很有好处。注意到自己在感到紧张能提醒你完成"AHA"策略的每一步。

- 承认：承认和接纳。
- 顺应：像迎合争论叔叔一样顺应焦虑想法。
- 行动：继续完成现实生活中重要的事（如有必要，可以定个把焦虑拿出来考虑的时间）。

秘密和羞愧

我们把焦虑当作秘密的主要原因之一，是对自己的焦虑程度感到羞愧。我们担心的是，别人如果注意到我们的焦虑，就会羞辱或批判我们。我们对自己的焦虑守口如瓶，是为了避免受到羞辱。通常情况下，我们对焦虑持这种态度的原因是怕丢脸。

或许你的确避免了丢脸，但对大部分焦虑而言，这样做的效果只是暂时的。我们总在担心自己某天会不小心暴露出自己容易焦虑的天性，因此很少能在保守秘密的过程中感到安慰。但避免丢脸这个目的并不是故事的全部。

你如果看过药品广告，就知道副作用的存在不可忽视。比如，某些治疗胃酸反流或勃起障碍的药物的广告下方，有一行字号很小的文字，罗列了许多不良的副作用。有时，这些副作用听起来很糟糕、很危险，甚至比这些药物治疗的疾病都严重。作为服用者，你需要自己衡量药物的疗效是否超过了它可能带来的副作用。

掩盖自己的焦虑问题也有副作用。你要好好想一想，保守秘密带来的副作用是否值得。部分副作用如下：

想象最坏结果。 把焦虑当作秘密，即使面对最亲近的人也闭口不言的行为会让你失去从他人处获得反馈的机会。你只能自己猜测焦虑对他们而言意味着什么，其他人如何看待你的困难。因为焦虑总是夸大负面情绪，让不可能的事看起来像是真的，你关于他人如何看待你的焦虑的猜测或许也是经过夸大的。在你的猜想中，他人知道你的焦虑之后对你的看法或建议可能比真实情况严重。所以，你会思考最坏的结果，而不是更现实的情况。

感到缺乏自信。我接触过许多长期焦虑患者。他们中很多人在生活的不同领域都很优秀，获得了很多成就。然而，他们鲜少对自己的成功感到满意。他们脑海中有一个先入为主的看法：如果别人知道我有多焦虑，他们可能就不会对我有这么高的评价了。他们真的认为自己不配拥有现在的成就。这个观念是保守秘密的副作用之一。

加剧焦虑。需要保守秘密时，你通常会更焦虑。因为你总担心自己会不小心泄露秘密。

加剧社交隔离。长期焦虑通常会影响社交，因为焦虑者会花费更多时间在"内心世界"和自己的想法辩论，而不是与他人交流。我们因为过度焦虑而无法参加群体活动时，就会避免社交。如果你的焦虑是个秘密，你就无法向他人解释理由，其他人就要自己猜测你为什么要推掉计划好的午餐，为什么有时看起来很冷漠。其他人很可能认为你对他们不感兴趣，这不利于你拓展社交圈。

引发你害怕出现的症状。你的想法不会改变或引发现实生活中的事件，但会改变并引发内在的生理和情绪表现。一个人如果非常担心自己在社交场合会脸红或出汗，并害怕别人知道自己的焦虑，他越努力克制，就越容易出现这些症状。同理，担心自己会在演讲时破音的人，破音的可能性也更大。

总体来说，保守秘密的副作用是：当你认为这样做能骗过所有人的时候，你真正欺骗的人只有你自己。保守秘密让你落入圈套，认为自己有一个糟糕的、丢人的、解决不了的问题。你觉得你的焦虑一旦暴露，就没人会喜欢或尊重你了。

有选择性地对几个真正关心你的人说出焦虑或许对你有帮助。虽然没人想丢脸，但尴尬的情绪通常很快就会过去。另一方面，如果你不说出秘密，保守秘密的副作用会持续很久。因此，说出焦虑对你是有好处的。

我第一次告诉咨询者要说出自己的焦虑时，他们通常会说："我不想告诉任何人。这和他们无关。"

的确如此。你的焦虑和他人无关，只和你有关。

和他人讨论焦虑的唯一理由是你认为这有助于你解决生活中的问题，缓解焦虑，追求目标。这是你的事，和他人无关。

也许你有必要对掩盖焦虑的行为做一次成本收益分析——把好处和副作用都列出来——以此决定是否要有选择性地说出自己的焦虑。

如果你决定说出秘密，我有以下几点建议。

说出焦虑的几个要点

先对伴侣或处于你社交网络核心地位的人说。选一个站在你这边的人，一个愿意听你说出焦虑并能理解和帮助你的人。

计划好一个合适的时间。不要在快挂电话或快要结束对话时说，也不要坐等机会到来。告诉对方你有事想说，约定具体的时间和地点。如果可以，面对面交流。你不需要很多时间。大概 15～30 分钟就够了，除非你认为需要更长时间。你的倾诉对象会感到好奇，但在约定的时间到来之前不要说。你可以告诉对方，你不是要借钱。

直接说重点。不要顾左右而言他，也不要花几分钟谈体育或近期的新闻。要像给出的范例一样，直接说重点。

> 谢谢你抽时间来。我想告诉你，我最近一直被一件事困扰。我很容易焦虑。我知道大家都会焦虑，但是我认为我的问题比别人都严重。

下面是对焦虑的典型描述，但你最好能加上你自己对焦虑的具体描述。

> 我想得太多，总是担心，而且担心的经常是不会发生的事。我的焦虑即使成真，也不像我想象中那么严重。但是焦虑确实让我困扰，让我分心，让我无法思考其他我该思考的事。说出来我也觉得有点儿丢人，但这也是我想和你讨论这件事的主要原因。我认为我如果把它当成秘密，藏在心里，只会让事情更糟糕。我有各种各样的焦虑，而且停不下来。
> 最让我感到烦恼的是_____。（这里需要简单介绍焦虑

让你感到烦恼的几种表现，可以是让你做事分心、睡不着觉等，还要列出第 3 章中介绍的你尝试控制和摆脱焦虑的手段。如果你曾向这个人寻求安慰，描述一下这部分焦虑。）

你可能不知道我为什么要告诉你这件事。这主要是因为我觉得不再把焦虑当成秘密能让我卸下心头重担。我认为保守秘密会让我的焦虑更加严重。

但是既然我已经告诉你了，我希望你能做到几件事，也希望有几件事你不要做。

下面这部分对你来说或许有用。你可以通过这份支持者指南让别人知道关于你的焦虑哪些方法是有效的，哪些是无效的。我们对焦虑守口如瓶的原因之一就是担心伴侣或朋友会过度反应或提供无效帮助。你不能指望他们天生就明白哪些方法是有效的。你必须对他们解释。

支持者指南

不要做的事：

不要问我"你怎么样，在焦虑吗"。如果我想谈论这个话题，我会主动对你说。我希望你不要主动提出这个问题。

不要努力安慰我一切都会好。如果我看起来像是想向你寻求安慰，我希望你直接问我"你听起来像是在寻求安慰，你确定你需要的是安慰吗"——给我一个改变主意的机会。

不要对任何人说这件事。如果我想让其他人知道，我会告诉他们。

不要特地帮我，或者做一些你认为会让我的生活变轻松的事。如果我希望或需要你做某事的话，我会直接向你寻求帮助。或者，如果你认为你有个绝妙主意的时候，先问问我，不要自作主张就去实施。

要做的事：

通常来说，安慰我说焦虑并不会成真的做法并不好。我反而会花更多时间思考和质疑这件事，努力想得到一个确定的结果，因此会给我自己，可能还有你，带去很多麻烦。我需要提高应对不确定因素的能力。你如果要安慰我，就用事实说话。不要泛泛地说"一切都会好起来"，而要说实话，比如"据我所知"或"任何事都会发生，但可能发生的情况是……"，因为我知道，未来的一切都是不确定的，我需要适应这种不确定性。

和你生活中重要的且非常重视你的人尝试一下这个方法，看看会发生什么，评估一下效果。结果如果是中立的或积极的，或许能鼓励你开始改变把焦虑当秘密的习惯。

一种有效的方法是观察一下自己什么时候会找借口或编故事来掩盖焦虑。举个例子，你推掉了和朋友去高级餐厅吃午饭的邀约，理由是害怕自己不适应那个场合。你不想让自己在这样的餐厅中"被困"在餐桌旁，在煎熬中"撑过"一顿饭的时间。你想象自己一边焦急地等待朋友喝完咖啡、吃完甜点，忍受着在高级餐厅等待账单和结账的缓慢过程，一边希望自己能快速逃离这里。

如果你发现自己在找一些冠冕堂皇的借口掩盖焦虑，那就暂停一下，然后说："我收回刚才的话。只是我有时候在那样的场合会感到烦躁，特别是像现在这样脑子很乱的时候，所以我很难放松去享受一顿饭。咱们换一件更方便、更轻松的事情怎么样？"

这样做有利于维系你和这位朋友的关系，也能照顾到你的需求。同时，你也能向朋友稍稍透露你的焦虑问题，从朋友那里得到别人对你的焦虑的真实态度。而当你找借口的时候，你也许只会受到责备、羞辱或腹诽。

寻求另一位重要人士的帮助

你还可以向另一个人寻求帮助。你或许能从这里获得更多帮助，帮你改变你和长期焦虑之间的关系。

这个人就是你自己。

或许你和我的大多数咨询者不一样。但据我观察，长期焦虑者往往会自我批判，让事情变得困难。他们因为焦虑而批判自己，仿佛焦虑是他们自己的错，是一种罪，而不是自己不幸落入的陷阱。他们通常很少因为自己的成就赞扬自己，却常常批判和羞辱自己。

虽然他们总抱怨自己的朋友和家人"不懂"自己，但他们脑中纠结的想法其实比最恶毒的对手说的话都伤人。

他们并非不知道如何支持和体谅自己。这些人通常能很好地理解他人的问题，给他人提供帮助，至少能做个不去批判他人的忠实听众。他们只是不懂得给自己支持罢了。我的咨询者们告诉我，他们内心的自我批判往往都非常消极。

他们知道如何给他人支持，但不知道如何在内心给自己支持。为什么会出现这种情况？

我认为，这是因为他们的内心世界里没有旁观者。通常，他们对自己的批判都是自然发生的，他们没有对这些批判性的想法产生意识。他们只会体验到了意志消沉的结果。

你的情况是否也是这样的？或许你可以记录自己脑海里自我批判的独白，坚持一周，看看你会对自己说什么。这个方法也许会有用。用纸笔或电子设备记录，看看你在心里严厉地自我批判有多频繁。你不需要和这些想法争论，只需要观察它们，最多停下来说一句："好吧，又开始了！"

本章小结

如果你希望对别人掩盖焦虑，这说明了什么？这通常说明，你的焦虑是夸大的、不切实际的。这能很好地提醒你思考一下自己把焦虑当成秘密的原因，让你用更有效的方法应对焦虑。

把焦虑当成秘密通常会让你付出很大的代价，还会带来严重的副作用。尝试本章中介绍的方法，试着说出你的秘密，每次说一点。看结果，不要看你幻想中的灾难。

THE WORRY TRICK

第 13 章

睡眠和疾病焦虑

本章将关注对两个具体问题的焦虑：睡眠和健康焦虑。这两个领域内的焦虑分别有以下主要表现：担心自己会睡着，担心自己会失眠；在身体健康时担心自己生病。

这些焦虑通常和具体反应紧密相连，因此我会描述这些反应，解释它们是如何加剧问题的，并提供帮你解决问题的新方法。你如果没有这两个问题，就可以跳过本章。不过，阅读本章也是有用的，因为本章介绍了如何通过改变行为来顺应焦虑。

睡眠焦虑

杰压力很大。最近，他接受了一个新工作。这份工作对他来说是难得的好机会。虽然他担心自己无法在完成繁重的新工作和照料新出生的孩子之间达成平衡，但他还是接受了这份工作。前六个月，工作一切顺利。

突然，有一天晚上，杰失眠了。没有任何原因，他半夜两点醒了，感到很焦虑。他心跳加速，忧心忡忡，以为自己是做了噩梦，却什么都不记得了。他躺了一会，努力再次入睡，但没睡着。他起床去上厕所，喝了点儿凉水，查看了邮件，之后回到床上，希望能睡着，却还是没有睡意。妻子安稳的睡眠令他嫉妒，连她呼吸的声音都成了阻碍他睡着的因素。他不停地看表，算着自己如果此时睡着，还能睡几个小时，却因此越发亢奋和清醒。最后，到了凌晨五点，他终于睡着了，但很快又被儿子的哭声吵醒了。

杰工作的时候感到疲惫，但是一天也顺利过去了。可是，在快要离开办公室的时候，他突然发现自己在想："我希望今晚能睡个好觉。"这个想法困扰着他。他感觉有几分钟自己心跳加速，呼吸急促。他开始思考另一个问题："万一我今晚睡不着怎么办？"接着，他开始想象自己因为睡眠不足而工作出错。

开车回家的路上，他也一直在想，能做些什么来改善睡眠质量。他想到了好几个点子：睡觉前喝一杯热可可；晚上不看最爱的刑侦剧了——因为这部剧有时会让人情绪激动——而是读一读让人放松的书；晚上要早点儿上床。

杰为晚上的睡眠而焦虑，仿佛在为一项体能挑战做准备。他比往常早上床一小时，但这没能让他早睡着。他躺在床上，感到紧张。他很焦虑，于是起床去客厅看一档谈话节目，希望能睡着。他看着看着就睡着了，过了几小时又醒了，电视还开着。杰想，是"冒险"回卧室睡觉，还是就待在客厅得了？他尝试回床上睡觉，但是过了几分钟又开始焦虑，于是他又回到客厅，一觉睡到早上。

他开始为当天的工作担心，害怕自己在处理工作时因为睡眠不足而心不在焉。他多喝了一杯咖啡，希望妻子能安慰他。妻子提醒他，孩子出生后的前几周，他的睡眠也明显减少，但妻子的劝慰并没有让杰冷静下来。出门前，杰又看了一遍当天的日程，查看是否有可以取消的会议或其他活动。一个也没有。但是查看日程的行为又让他想到了一天结束的时候，于是他又开始思考："万一我晚上睡不着，怎么办?"

杰平安"熬过"了一天的工作，但是感觉自己游走在崩溃的边缘。他思考着能做些什么来提高睡眠质量。回家的路上，他去了一次健身房，希望运动能让自己感到疲惫。他让妻子不要提任何负面话题，也希望儿子不要太早吵醒他。当天晚上，他喝了一杯热牛奶，因为他读到的一篇文章表示巧克力会影响睡眠。之后他早早上床，在眼睛上放了一块毛巾来遮光，还戴了一副耳塞来屏蔽外界的声音。他尝试不去想"在两点醒来，该怎么办"这个问题。他花了比平时更长的时间才睡着，好在最后还是睡着了。

两点的时候，他醒了，于是下楼睡到了沙发上。接下来的几天，他都没睡在床上，而是睡在沙发上。因为在沙发上，他可以看电视，不会一心想着"睡觉"，这样反而更容易入睡。一旦回到卧室，他就开始担心自己会睡不着，然后这种担心就会成真。他不再在睡前喝热牛奶，而是开始喝冰啤酒。一周之后，妻子劝他去看医生。医生开了处方，给了他一些安眠类的药物。他吃了一周左右就停药了，因为医生警告说这些药物只能短期服用，而且他也不喜欢每天早上醒来的时候头昏脑涨的感觉。

很多人都有和杰一样的睡眠焦虑。他们晚上睡不着或总是醒，而一般都没什么明确的原因。他们担心这种情况反复出现，于是尝试用各种方法，想摆脱这个问题。这些方法把睡眠问题当成了麻烦或任务。事实上，正是这些方法导致睡眠更困难，让睡眠焦虑更严重的。睡眠焦虑是反向法则的一个典型的例子。我们总是希望用让入睡变得更困难的方法来解决睡眠焦虑，这与我们轻松入睡的本意背道而驰。

让睡眠自然发生

让我们从简单的方面入手。要怎么做才能睡着呢？

睡眠是一种自然发生的事，并不会受到我们的控制。我们怎么让它自然发生？创造一个安静、舒适、黑暗，没有任何会令你分心的事物的环境。我们进入这个环境，躺下来，准备好暂时忘掉日常担忧和活动，等待睡意降临。

"努力入睡"是一种自相矛盾的行为，因为睡眠并不是只凭努力就可以获得的。想想你最喜欢的饭菜。你在吃这顿饭的时候会仔细关注自己牙齿和舌头的运动过程吗？你会不断提醒自己要从吃饭的过程中享受美味、获得愉悦吗？你会评判自己在享受美味、获得愉悦方面做得是否到位吗？大概率不会。你会坐在合适的位置上，使用合适的餐具，选择你喜欢的饮料，品尝食物，让享受美味的过程自然而然地进行。即使是同样的食物，每次吃都会有一点点不同，但你不会像对待奥运赛事一样给它打分，除非你是烹饪类节目的评委。

许多日常活动都需要努力才能完成，而努力就一定会有回报。只要我坚持训练狗不爬上沙发，它就会更好地规范自己的行为，至少能做到不爬上沙发这一点。只要我一直坚持健身，我的体格就会更健壮，肌张力也会更好。

睡眠却并非如此。入睡更接近简单的放松、享受美食或达到高潮。你需要找到合适的环境，完成几个简单的步骤，然后享受就可以了。你不需要努力，因为努力和享受是冲突的。

把卧室布置成适合安静入睡的环境

适合睡眠的环境是怎样的？睡眠心理学家将这个问题称为"睡眠卫生"。睡眠卫生指的不是床单有多干净——虽然这是一个加分项——而是要创造有助于入睡的良好睡眠环境、养成良好睡眠习惯，这些才是睡眠的先决条件。这意味着床和卧室就是专门用来睡觉或享受性爱的地方。除了这些之外，不要在卧室做任何事。这对于一天24小时都要使用电子设备的人来说或许意味着生活习惯的巨大改变。

不要在卧室里放电视。关闭所有电子设备——手机、笔记本等——把它们放在客厅里。如果你必须在卧室里放一件会转移注意力的东西，一本书就够了。

把闹钟面朝墙放。我们在失眠的时候喜欢看时间，之后就开始计算如果现在睡着还能睡多久，似乎把睡眠当作一种限时运动。这个习惯不利于睡眠。你还带着腕表吗？把它摘下来放在你够不着或看不到的桌上。如果你用手机做闹钟，最好还是换一个传统的闹钟。即使把手机调到静音模式，还是会有灯光闪烁，吸引你的注意力。

睡眠就是为了远离外部世界，因此最好能以此为标准来改善你的睡眠条件。

设定睡前流程

为入睡"做准备"的方法怎么样？有一些做法可以参考。至少在睡前半小时就停止使用一切电子设备，离开网络。可以进行一些传统的、低强度的活动，比如阅读（别看犯罪小说）或看电视（在其他房间）。看电视时，选一档没那么刺激也不会让你集中精神，更能让你随时关掉电视的节目——谈话节目正是为了催眠准备的。

睡前不要吃零食。如果你对咖啡因很敏感，那就在一天中较早的时段摄入含咖啡因的饮料。在能保证你刚好睡够的时间上床。不要为了确保充足睡眠而太早上床，因为这可能会导致你花更长的时间翻来覆去。

在睡前几分钟或上床时做一些放松运动或许有助于睡眠，比如第 10 章中介绍过的腹式呼吸和正念冥想。和其他放松方法一样，关键是完成放松运动的每一步，然后等待一切自然发生。你可能只放松了一点点，也可能感到非常放松。享受发生的一切，不要强迫自己放松。

白天不要小睡。如果你白天睡了觉，晚上的睡眠时间一定会缩短，而你需要养成晚上自然入睡的习惯。所以，白天小睡即使是个补觉的好方法，也可能加剧夜里的失眠。设定一个规律的睡眠时间，然后坚持下去。

今天晚上，你我各自需要多久才能入睡？我们谁都无法提前知道答案。关键是要创造适合睡眠的环境，然后静待睡意降临。

睡眠焦虑只是焦虑

睡眠焦虑的常见想法是：万一我睡不够，怎么办？绝大多数时候，这个问题的答案是，你会感到很困。这是个可以自行调节的问题，和脱水不一样。如果我缺水，我需要解决这个具体问题。我的身体不会自行制造水，我必须喝水。但当我感到困的时候，我的身体就会提醒我睡觉。睡觉的时候，我能做的就是不要插手，让睡眠自然发生，而不是努力入睡。

应对睡眠焦虑的最佳方法是把睡眠焦虑问题和睡眠问题分开，单独处理前者。应对睡眠焦虑和应对争论叔叔的方法一样：不要误把焦虑当作一件严肃的事情，而是把焦虑就当成焦虑，然后顺应它。应对睡眠焦虑的具体方法可以参考上面提到的睡眠卫生建议。

如果你睡不着，该怎么办？不要一连躺几个小时，强迫自己入睡。设定一段合理的时间，比如半小时。如果半小时内还是睡不着，那就起来做其他事一段时间。

可以做什么呢？如果你曾经通过阅读让自己放松并顺利入睡，

那就用这个方法。但如果你之前让自己放松的尝试没有成功，那就不要再做同样的尝试了。这时候，你可以花 20 分钟做一些麻烦又无聊的家务，比如刷地板或浴缸。你今天刚请清洁工打扫过家里的卫生？那也没关系。做家务的目的不是把家收拾干净，而是引发睡意。起床看你喜欢的电视节目或一本有趣的书可能会延迟你的睡意，因为你在做一件比睡觉有意思的事。做一件无聊的事，坚持 20 分钟左右，然后再回床上睡觉。如果过了 20 分钟到半小时你还是睡不着，那就重复以上步骤。

有时候，我们陷入了不良睡眠习惯，每晚固定时间会醒，通常还不是在我们希望的时间，而在比如半夜两点。这种情况之所以发生，似乎是因为在半夜醒来一两次之后，我们就会开始担心"万一我今晚又在两点醒来怎么办"——毫无疑问，就像自我验证预言一样，我们就真的会在两点醒。我们陷入了提前担心自己会早早醒来的恶性循环，然后果然提前醒来了，之后感到更加焦虑。这个恶性循环不断持续。

对早醒的焦虑真的导致了早醒这个你不想看到的结果，是长期焦虑的一个典型例子。我对此有个有效的方法，但不适合胆小的人，因为这个方法有点儿像吃药 —— 良药苦口 —— 但不要因此被劝退。

我的咨询者中就有会在凌晨两点醒的人。为他们提供帮助的时候，我通常会建议他们把闹钟定在两点。在他们愤怒地冲出我办公室前，我会立刻向他们解释这样做的原因。他们之所以焦虑，是因为不确定自己是否会在两点醒，而这种疑虑和不确定性助长了焦虑，导致他们真的在两点醒来，形成了早醒的坏习惯。如果真把闹钟定在两点，他们不用再怀疑，知道自己一定会在两点醒。

这个方法改变了问题的本质。在没有设定闹钟的时候，他们会担心自己是否会在两点醒。现在他们知道自己一定会在两点醒，因此可以在醒来的时候再决定如何应对。他们或许会选择和以前一样的方法，但实际上并不一定会这么做，即使这样做了，情况也不会比之前差。通常情况下，他们听到闹钟响就会醒来，思考为什么闹钟会响，然后想起来是我让他们设定的，接下来可能会想到我，然后关掉闹钟继续睡觉。有时候，他们甚至会在闹钟响之前的几分钟醒来，然后关掉闹钟继续睡觉。

即使我给出解释，他们还是会觉得设定两点的闹钟太奇怪了，因为他们不想在两点醒。这个方法确实很奇怪。但对一个反直觉的问题，我们需要反直觉的解决方法。当你需要反直觉方法的时候，你总能通过反向法则找到答案。设定两点的闹钟就是对反向法则的直接应用。

起床焦虑

我们也会遇到另一种睡眠问题。早上在该起床的时间醒来后，我们会继续躺着，希望能多睡一会儿。但比起睡觉，这段时间里我们会清醒地躺着，为白天会发生的事情感到焦虑。有时候，我们甚至会把闹钟设在起床前几分钟，这样就有时间再打个盹。很多闹钟都有"再睡一会儿"功能，方便我们打盹。

关于这种一大早就出现的焦虑，我能给你提供的最好建议是：不要躺着，躺着一点儿好处都没有。这个时候你什么都没做，只是在焦虑。

一醒来就起床是最好的。躺在床上想今天可能会发生哪些坏事可不是开启新一天的好方法。好方法是从床上起来，进行早晨的日常活动——洗澡、吃早饭、遛狗。给自己一些缓冲时间，之后再开始思考一天的事情。

在花大约 15 分钟完成早上的部分日常活动后，你坐到椅子上，再好好花几分钟思考一下将要开始的一天。彻底清醒并坐好的状态才能让你更好地为新的一天做计划。如果你"需要"在早上焦虑一会儿，那这就是焦虑的最佳时机和地点。如果对你来说，醒来就焦虑的习惯已经根深蒂固，你或许可以把第 10 章中提到的"焦虑时间"安排进早晨的日常活动中。

疾病焦虑

长期焦虑中最难解决的是对疾病的焦虑。

被专业人士称为"疾病焦虑"的问题或倾向的具体表现是担忧自己会生病。有时，疾病焦虑会让人过度求医问药，而实际上他们的身体并没有问题。有时，疾病焦虑也会让人逃避对身体有好处的常规体检。下面我会介绍这两种表现。

第一种表现

疾病焦虑者往往很关注癌症、阿尔兹海默症、艾滋病、多发性硬化、心脏病等重症。你知道在发现自己身上有某种疾病的症状后该做什么，对吧？你要去看医生，做检查。这是合理的。

医生会听你诉说你的担忧，检查相关部位，做出评估，或许还会让你做检查——验血、X光或扫描其他相关部位。有些疑难杂症你可能还需要去咨询专家。医生的目的是明确病人是否患病。如果病人确实患病了，医生要确定治疗方法，确保所有必要的治疗方法都是有效的。

但遇上疾病焦虑者，事情就变得棘手了。如果你担心自己生病，去看医生的时候，你在心里会明确两个目标。第一，你想知道医生对于你患病与否的专业判断。如果医生说你确实患病了，你希望医生给出治疗方案。如果医生说你没有患病，你希望能百分百确定医生说的是真的——这就是问题所在。

你并非总能得到想要的答案

无论你有多健康，无论医生有多专业、多负责、多和蔼、多有说服力，你都不可能百分百确定自己没患病。即使在看病的时候，你确信自己没有患病，回家之后也可能再次开始担心。试图证明某件事不存在就会导致这样的问题——你发现自己证明不了这一点。

　　一个非常在意自己健康的人很可能担心自己有严重的心脏病或胃癌。他会注意到表明自己患病的生理现象，如偶尔心律不齐或心跳漏拍，或者胃不舒服，于是就会去咨询医生。

　　他希望证明自己没得病，于是认真地听医生说的每一句话。如果医生说"我没发现任何疾病症状"，他会感到不开心，因为这个说法表明他以后可能患这种病，可能一离开医生办公室就会生病。

　　他希望听到医生说："你现在不会得这个病，而且我向你保证，你以后也不会得。"他喜欢这样的说法。但是，和大多数焦虑者一样，听到这样的答复也只会让他快乐5秒钟。之后他会想："这个医生怎么能这么确定这点呢？"

你会怀疑医生的诊断

　　如果你又一次担心自己得了重病，但是出于某种原因医生没有查出任何问题，这时你该怎么办？如果你和大多数有疾病焦虑者一样，你的对策是采取各种对抗焦虑的方法，就像看到红布的公牛一样。你会再去找医生解释你的情况。你觉得自己第一次去看医生时一定遗漏了重要的细节，或者对其强调得还不够，又或者医生没有注意到你强调的细节，也可能是化验室把你的血液样本贴错标签，导致你拿到了别人的结果。于是你又去看医生，让医生再做一次检查。你会去找其他医生看病，再做检查，得到第二位医生的诊断。你还会上网搜索信息。你会向家人和朋友寻求安慰。但是无论做多少努力，争论叔叔总会拍拍你的肩膀，对你说："万一……呢？"

你想得到百分百的保证

也许对你来说，得重病这件事太严重了，如果得不到百分百的健康保证，你永远不会停止焦虑。而事实是，无论一件事有多重要，你都不可能保证某种情况百分百不存在。你无论多努力，都只会痛苦地发现你做不到这一点。

如果你现在身处这样的情况，你之所以感到不确定，不是因为没有充分调查过自己焦虑的对象，而是因为没人能给你如此绝对的保证。你已经实现了第一个目标，也就是得到了医生对你健康状况的诊断。你困在了第二个目标上 —— 你想要百分百的保证 —— 这是实现不了的。

你之所以关注这个问题，不是因为你怀疑自己患上的疾病是你生存的最大威胁。事实并非如此。日常生活中的很多活动导致死亡的可能性都比疾病致死的可能性更大，但你可能都没怎么注意到这些活动。你之所以注意到这种未确诊的疾病，是因为这件事让你感到不适。它让你感到不适，但它本身并不危险。如果你把它当作危险，这个问题的发展就会脱离你的控制。

你该怎么做？你去看医生是为了给自己洗脑，这就是你的问题所在。你希望在回家后能感到心悦诚服，确信自己很健康，没有患上你害怕的疾病，而且这份确定感能延续一生。但你去看医生的唯一目的应该是得到医生的诊断，而不是改变你自己的看法。你去看医生是为了知道医生是否会给出你患病的诊断。要把得到诊断当作去医院的目标，明确在看病前、看病时和看病后你依然会有焦虑的想法。不要为了得到你没得病的保证而去医院。你是为了医生的诊断才去的。

疾病焦虑的反应和机制

有的人之所以陷入疾病焦虑，是因为他们在焦虑的同时还会反复出现生理反应。焦虑不仅存在于脑海里，也会反映在身体上。焦虑的部分典型的生理症状包括头昏眼花，心率上升，胸部、肩膀、后背和颈部肌肉紧绷，消化不良等。即使这些是焦虑的常见症状，出现症状的人也很难接受并相信这是焦虑而不是生病导致的。

疾病焦虑者很难停止焦虑，因此总会生自己的气。"是我自己在折磨自己！"他们总这样说，因为这些烦恼而埋怨自己。

如果你担心生病，也出现了焦虑的生理反应，那你确实在折磨自己。焦虑和生理反应是自发出现在心里并体现在身体上的，但这确实不能怪你。它们是自然发生在这两处的，是我们用来定期检查和观察是否出现问题的方式。

这类焦虑就好像你家有一只过分激动的看门狗一样。扒手出现的时候，它会开始吠叫。这是件好事。但当小孩从你家草坪上跑过，或是邮递员留下你的邮件时，它也会吠叫。这就过犹不及了。但它毕竟是狗，希望它在有真正的危险时吠叫，其他时候都保持沉默是不现实的。它这样做不是为了烦你，而是因为这是它的天性。

同理，我们也有观察潜在问题并及时遏止它们的本能，这是我们的天性。有时我们会观察到太多麻烦。这是一个问题，但不是错误。

第二种表现

另一些人应对疾病焦虑的方式可能非常不同。他们像躲瘟疫一样躲着医生。这类人好几年都不去看医生。他们逃避年度体检，也会逃避针对特定年龄推荐的检查，比如 50 岁后定期做肠镜，60 岁时接种带状疱疹疫苗等。入职新工作时被要求拍 X 光片或遇到不得不去医院的紧急情况，对这类焦虑者而言如同人生危机。如果你有这样的经历，那么你和不断求医问药的人是截然不同的两类焦虑者。

疾病焦虑为什么会让人对医生避之不及呢？有以下几个原因。

一个常见原因是，我们担心的不是疾病带来的影响，而是医生给出诊断时自己会感受到的震惊和焦虑。如果你的焦虑属于这类，你最主要的担心是这样一种想象中的场景：医生给你做完检查或读过化验报告后抬头看着你，重重地叹了口气，说：“我有个坏消息。”

有这类疾病焦虑的人会经常幻想这种场面，认为自己听到坏消息会吓死，于是认为需要不惜一切代价回避这种情况。这就像惊恐障碍患者一想到飞机或拥挤的电梯这些让自己惊恐的环境就会开始惊恐一样。

白衣综合征

看医生时总少不了量血压的环节。有人害怕量血压，因此会千方百计不去看医生。这类因小失大的情况或许可以被称为"白衣综合征"。医生量血压的时候，焦虑者的血压就会升高，而且他们知道自己会出现这种反应，于是陷入了恶性循环。他们想象护士说"天哪，你的血压已经超过了最大值"，与此同时，他们的血压继续飙升，现场一片混乱。

担心量血压、医生反馈或其他方面问题的人往往无法忍受在候诊室等待叫号的过程。因为等待时间是让"万一"的焦虑想法不断萌生和壮大的温床。就像害怕坐飞机的人走到登机口还会折返一样，有时候，疾病焦虑者已经到了医院候诊室，还是会因为不断加剧的恐惧而离开。

疾病焦虑只是焦虑

如果你有上述症状，而且关于健康问题的长期焦虑已经给你的生活带来了负面影响，那么对健康的担忧已经不是主要问题了。回想一下第 6 章中分析经典焦虑句式的部分。如果把"万一"的含义纳入考虑，焦虑部分的内容就不那么重要了。你还记得"万一"的含义吗？

"万一"的意思是"让我们假设"。在假设句后的任何内容 —— 无论是癌症还是普通感冒 —— 都是假的。你做的事情就是用零乘以其他。

一旦产生"万一"的想法，你就开始假设了，而假设的结果没有任何意义，即使你思考的问题看起来似乎很重要。

开诚布公地面对焦虑

长期疾病焦虑者去看医生的时候，经常试图否认并掩盖自己焦虑的事实。你会这样做吗？这种行为的部分原因是焦虑者希望摆脱焦虑的影响——你可能并不想"向焦虑屈服"。还有一部分原因是感到羞耻。通常情况下，你担心如果告诉医生自己有焦虑问题，你对健康的所有担忧和抱怨都会被视为"焦虑导致的后果"。

我能理解这些担忧。但是，因为担忧而掩盖或否认焦虑问题，可能只会让情况变得更糟糕。如果你有长期疾病焦虑的问题，你需要向医生说明两点：你想检查的症状，以及你对彻底证明自己没病的迫切希望。你如果只承认自己的症状，而不承认想要得到对健康的担保这件事已经严重影响你的生活，你和医生都会被带偏，无法一针见血地解决问题。

发现病人对诊断有不满之处后，有的医生会建议病人继续检查，推荐他们咨询其他专家。这样做的医生要么没发现病人有长期焦虑的问题，要么不想应对病人的长期焦虑问题。这样做会浪费大量时间和金钱。你也会失望地发现，无论做多少检查，无论咨询多少医生，你都得不到想要的肯定答复。事实上，做的检查越多，你就越焦虑。

　　无论你承认与否，内心的焦虑都会不断蔓延。如果疾病焦虑是你生活的一部分，对医生隐瞒这一点会导致医患关系更加对立，对你的帮助也就更小。然而，如果你能告诉医生并与其谈一谈焦虑如何改变了你对健康的看法，你和医生的关系会更加和谐。

　　部分医生或许不想和患者谈论焦虑的问题，他们希望患者听话、配合，接受他们给出的治疗方案，不为其感到焦虑。你如果遇到了这样的医生，需要换一个愿意把你的焦虑状况纳入治疗方案的医生。

本章小结

睡眠焦虑、疾病焦虑与其他长期焦虑一样，也会让人养成难以摆脱的习惯，导致焦虑加剧。本章介绍了几种典型的试图控制焦虑的行为，但这些行为只会让焦虑更加持久、严重，无法缓解焦虑。认识并改正这些行为是改变人与长期焦虑关系的重要环节。

THE
WORRY
TRICK

第 14 章

关于焦虑的趣事

希望此时你已经认识到，长期焦虑不是需要你对抗的入侵者，也不是需要你抗争的疾病。长期焦虑是你过度努力地控制和反抗焦虑想法时内心产生的各种反应。长期焦虑骗你严肃地看待它、反抗它，就像斗牛士骗公牛要对抗拿着剑和矛的自己一样。

斗牛士用红布引诱公牛，长期焦虑则用"万一"来诱惑你。

你一旦上钩，就陷入了和争论叔叔辩论的境地，会在一场本该开心享受的宴会上如坐针毡。改善这种情况的最佳方式就是用幽默的方式去迎合、敷衍争论叔叔。

其实这件事没有看起来那么难，因为焦虑也有有趣之处。

我经常在各地的专业精神健康会议上开展关于焦虑和担忧的研讨会。通常，这些研讨会的举办地都在大型酒店，或在有多间会议室同时进行不同研讨的会议中心。会议休息期间，经常有其他会议的参加者从我的桌旁走过。他们的反应很有趣。他们看到我的研讨会和焦虑有关时，经常笑着说："我太需要参加这个会了！"

我们看到关于抑郁症、精神分裂症或饮食障碍的研讨会时可不会说这样的话。焦虑的这种特质很有趣。我们如果用开放的眼光看待它，就能认清它，也就有利于改善我们与它的关系。

用缺乏幽默的态度应对焦虑，就好比拔牙时不做局部麻醉。谁都能用缺乏幽默的方法应对焦虑，但如果换用幽默的方法，你会感到更加轻松和舒适。

我接待过一位有严重疾病焦虑的咨询者，她来做咨询时已经快40岁了。疾病焦虑者总会在自己身上寻找疾病的症状，又总担心真出现症状，而实际上他们根本没有生病。第一次咨询的时候，她告诉我："我这一辈子都害怕自己会英年早逝。"

我告诉她，她恐怕不可能英年早逝了，因为就算现在去世，也只能算中年丧命。她大概气得想扇我一个耳光，但在冷静下来后放声大笑。之后，她告诉了我她所有的焦虑，也告诉我她担心的事情从没发生过。像这样把焦虑中可笑的部分说出来，能让她远离沮丧情绪，更直接地帮她对抗焦虑陷阱。

还有一个因为惊恐障碍而来的咨询者。她经常在会受到他人注目的场合（比如等候室、商店等地方）惊恐发作。她不担心惊恐障碍会带来伤害，她害怕的是这会让她看起来像个疯子，吓到她周围的人。她最害怕惊恐发作时自己会变成眼睛突出、头发竖起的样子。

我们可以花时间讨论头发的运动特性和它能否竖起来，但讨论这个问题和谈论焦虑一样，都是在浪费时间。我没有和她讨论头发的问题，而是让她在下次惊恐发作的时候观察一下。她同意了。我让她随身携带一把20厘米长的尺子和一面小镜子，在惊恐发作时测量一下头发能竖起多高。

几天后，她在医院的候诊室里惊恐发作了。她快速从候诊室跑到休息室，又想起我让她测量头发竖起多高，于是跑到卫生间，站在一面镜子前，从包里拿出黄色的尺子贴紧头皮，盯着镜子，开始测量。然而自己站在那里、拿着一把黄色的尺子测量头发的这一幕让她笑出声来。之后，她再也不担心头发会竖起来了。

这是"顺应恐惧"的一个案例。我们需要接纳恐惧，而不是与之争辩，要具体问题具体分析。这样做能让恐惧中有趣的部分现形，比有逻辑、理智地与想法争辩，希望改变想法更有用。

我之前提到，我的网站上有几首幽默的歌曲。下面是另一首歌的节选，第一段旋律取自《福尔森监狱》（*Folsom Prison*）（在这里向原唱约翰尼·卡什说一句抱歉）。

我的心脏在狂跳

这时我屏住呼吸

我感到脑袋昏昏沉沉

我开始想到死亡

哦，我觉得我要疯掉了

我的心脏要跳出来了

他们说这是不可能的

哈！我打赌我就是第一个！

浏览我网站的人很喜欢这些歌。这些歌好笑在哪里？这些歌词只是描述了经历糟糕的惊恐障碍时的典型想法而已。我没有添加任何笑话或包袱，但是经历过惊恐发作或者产生过歌词中这些念头的人在听完这首歌后都会开怀大笑。在歌中听到这些念头能让他们更轻松地发现其中的荒谬之处，找到陷阱所在，而不再感到沮丧、失望。

关于焦虑，弗洛伊德有一些有趣的发现。他认为幽默有时能保存并释放各种"精神能量"。他表示，当我们突然意识到看似危险的事情并不危险的时候，"被保存下来的精神能量"就会转化为愤怒和恐惧。他还指出，当我们突然意识到所有的思考实际上都没有意义的时候，曾经专注于思考的精神能量就可以得到释放。之前，这份能量被困在无谓的过度思考或"战斗—逃跑反应"中，如今则被转化成了欢笑和幽默。

我认为这就是我的客户看着镜中拿着黄色尺子的自己时发生的事。她突然意识到所有的过度思考、"战斗—逃跑反应"都是没必要的，于是她哈哈大笑。

或许我在书里提出的一些问题、介绍的一些实验已经让你笑过了，这是好事。焦虑也有有趣之处。发现这些有趣之处将为你改变和焦虑的关系提供很大帮助。

我得补充一点：只有当焦虑者认为焦虑有些地方确实很好笑的时候，这个方法才有用。所以，焦虑者的朋友和家人们，在焦虑者并不觉得好笑的时候，不要认为自己可以主动用焦虑者的焦虑开玩笑。

这就是本书的全部内容。我希望本书对你有帮助。焦虑是每个人生活中的一部分，所以我希望这本书能帮你改善你与焦虑的关系。

图书在版编目（CIP）数据

焦虑的时候，就焦虑好了 / (加) 戴维·A.卡波奈尔
著；崔楠译. –– 北京：九州出版社，2022.12（2023.8重印）

ISBN 978-7-5225-1132-0

Ⅰ.①焦… Ⅱ.①戴… ②崔… Ⅲ.①焦虑—心理调
节—通俗读物 Ⅳ.①B842.6-49

中国版本图书馆CIP数据核字(2022)第157724号

THE WORRY TRICK: HOW YOUR BRAIN TRICKS YOU INTO EXPECTING THE
WORST AND WHAT YOU CAN DO ABOUT IT By DAVID A CARBONELL PHD,
SALLY M. WINSTON, PSYD(FOREWORD)

Copyright: © 2016 BY DAVID A. CARBONELL

This edition arranged with NEW HARBINGER PUBLICATIONS

through BIG APPLE AGENCY, INC., LABUAN, MALAYSIA.

著作权合同登记号：图字：01-2022-4070

焦虑的时候，就焦虑好了

作　　者	［加］戴维·A.卡波奈尔 著　崔　楠 译	
责任编辑	王　佶　周　春	
出版发行	九州出版社	
地　　址	北京市西城区阜外大街甲 35 号（100037）	
发行电话	（010）68992190/3/5/6	
网　　址	www.jiuzhoupress.com	
印　　刷	天津中印联印务有限公司	
开　　本	889 毫米 × 1194 毫米　　32 开	
印　　张	8.5	
字　　数	174 千字	
版　　次	2022 年 12 月第 1 版	
印　　次	2023 年 8 月第 3 次印刷	
书　　号	ISBN 978-7-5225-1132-0	
定　　价	45.00 元	